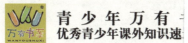
青少年万有
优秀青少年课外知识速

科技与科学

KEJI YU KEXUE

青少年万有书系编写组 编写

北方联合出版传媒（集团）股份有限公司
辽宁少年儿童出版社
沈阳

图书在版编目（CIP）数据

科技与科学/青少年万有书系编写组编写.—沈阳：
辽宁少年儿童出版社,2014.1（2022.8 重印）
（青少年万有书系.优秀青少年课外知识速递系列）
ISBN 978-7-5315-6032-6

Ⅰ.①科…Ⅱ.①青…Ⅲ.①科学技术—青年读物②科学
技术—少年读物 Ⅳ.①N49

中国版本图书馆CIP数据核字(2013)第003640号

出版发行：北方联合出版传媒（集团）股份有限公司
　　　　　辽宁少年儿童出版社
出 版 人：胡运江
地　　址：沈阳市和平区十一纬路25号
邮　　编：110003
发行部电话：024-23284265　23284261
总编室电话：024-23284269
E-mail：lnsecbs@163.com
http：//www.lnse.com
承 印 厂：三河市嵩川印刷有限公司

责任编辑：谭颜蔵
责任校对：朱艳菊
封面设计：红十月工作室
版式设计：揽胜视觉
责任印制：吕国刚

幅面尺寸：170 mm×240 mm
印　　张：12　　字数：330千字
出版时间：2014年1月第1版
印刷时间：2022年8月第4次印刷
标准书号：ISBN 978-7-5315-6032-6
定　　价：45.00元

全案策划　**唐码书业** (北京)有限公司
WWW.TANGMARK.COM

图片提供　台湾故宫博物院　时代图片库 等

www.merck.com　www.netlibrary.com
digital.library.okstate.edu　www.lib.usf.edu　www.lib.ncsu.edu

ZONGXU 总序

　　青少年最大的特点是多梦和好奇。多梦，让他们心怀天下，志存高远；好奇，让他们思维敏捷，触觉锐利。而今我们却不无忧虑地看到，低俗文化在消解着青少年纯美的梦想，应试教育正磨钝着青少年敏锐的思维。守护青少年的梦想，就是守护我们的未来。葆有青少年的好奇，就是葆有我们的事业。

　　正是基于这一认识，我社策划编写了《青少年万有书系》丛书，试图在这方面做一些有益的尝试。在策划编写过程中，我们从青少年的特点出发，力求突出趣味性、知识性、神秘性、前沿性、故事性，以最大限度调动青少年读者的好奇心、探索性和想象力。

　　考虑到青少年读者的不同兴趣，我们将丛书分为"发现之旅系列""探索之旅系列""优秀青少年课外知识速递系列""历史地理系列"等。

　　"发现之旅系列"包括《改变世界的发明与发现》《叹为观止的世界文明奇迹》《精彩绝伦的世界自然奇观》和《永无止境的科学探索》。读者可以通过阅读该系列内容探究世界的发明创造与奇迹奇观。比如神奇的纳米技术将如何改变世界？是否真的存在"时空隧道"？地球上那些瑰丽奇特的岩洞和峡谷是如何形成的？在该系列内容里，将会为读者一一解答。

　　"探索之旅系列"包括《揭秘恐龙世界》《走进动物王国》《打开奥秘之门》。它们将带你走进神奇的动物王国一探究竟。你将亲临恐龙世界，洞悉动物的奇趣习性，打开地球生命的奥秘之门。

　　"优秀青少年课外知识速递系列"涵盖自然环境、科学科技、人类社会、文化艺术四个方面的内容。此系列较翔实地列举了关于这四大领域里的种种发现和疑问。通过阅读此系列内容，广大青少年一定会获悉关于自然以及人类历史发展留下的各种谜团的真相。

　　"历史地理系列"则着重于为青少年朋友描绘气势恢宏的世界历史和地理画卷。其中《世界历史》分金卷和银卷，以重大历史事件为脉络，并附近千幅珍贵图片为广大青少年读者还原历史真颜。《世界国家地理》和《中国国家地理》图文并茂地让读者领略各地风情。该系列内容包含重大人类历史发展进程的介绍和自然人文风貌的丰富呈现，绝对是青少年读者朋友不可错过的知识给养。

现代社会学认为，未来社会需要的是更具想象力、更具创造力的人才。作为编者，我们衷心希望这套精心策划、用心编写的丛书能对青少年起到这样的作用。这套丛书的定位是青少年读者，但这并不是说它们仅属于青少年读者。我们也希望它成为青少年的父母以及其他读者群共同的读物，父女同读，母子共赏，收获知识，收获思想，收获情趣，也收获亲情和温馨。

　　谁的青春不迷茫？愿《青少年万有书系》能够为青少年在青春成长的路上指点迷津，带去智慧的火花，带来知识的宝藏。

Contents
目录 >>

PART 1

数理化篇 ... 1

诞生之初的数学 ... 2
数学的起源 2
巴比伦泥版：卓越的数学
成就 2
金字塔与纸草书中的埃及
数学 3
中国：十进制和二进制的
故乡 3

有趣的数字 ... 4
"0"的发明：人类伟大的发
明之一 4

阿拉伯数字：印度人发明的
数学符号 4
负数的引入：中国古代数学
家的贡献 5
小数与小数点 5
无理数的风波 6
质数的性质 6

数学工具与符号 ... 7
印加人的奇普 7
尺与圆规 7
算筹与算盘 8
机械计算机：帕斯卡加法器
.... 8
加减乘除符号的由来 9
等号的出现 9
阿拉伯人的分数线 9

有趣的数学问题 ... 10
棋盘上的麦粒问题 10
哥德巴赫猜想：数学皇冠上的
明珠 10
罗素悖论：谁为理发师

理发？ 11

鸡兔同笼问题 11

七桥问题：欧拉的数学模型

.... 11

为地图着色的四色问题 12

形象万千 13

黄金分割的发现 13

独具魅力的勾股定理 13

美妙的对称 14

神奇的莫比乌斯带 14

动与静 15

万物都在运动 15

速度：运动快慢的标准 15

密度：质量与体积之比 15

重力：来自脚下的力 16

苹果落地与万有引力 16

惯性：维持原状 17

摩擦与摩擦力 17

重心：不倒翁的奥秘 18

杠杆：省力的装置 18

奇妙的浮力 19

虎跑泉与水的表面张力 19

声与波 20

振动：机械钟表的原理 20

自鸣铜磬与共振现象 20

回声与波反射 21

波的衍射：隔墙有耳 21

对人体有害的次声波 22

穿透力极强的超声波 22

噪声与乐音 23

颅骨传声 23

冷与热 24

冬暖夏凉的井水 24

温度计与温度：温度计是测

温仪器的总称 24

热胀冷缩与冷胀热缩 25

对流、传导与辐射 25

无法制成的永动机 26

绝对零度：无法达到的低温 26

电与磁 27

摩擦起电 27

电流的产生 27

导体与绝缘体 28

安全电压 28

电器的并联与串联 29

看不见的磁场 29

发现电磁关系 29

电磁波：空中的信使 30

生物电：会发电的生物 30

光与色 31

七彩的阳光 31

五颜六色的物体 31

光的反射：视觉产生的条件

之一 31

光的折射：闪烁的星光 32

光的散射：蔚蓝的天空 32

光的干涉：彩色肥皂泡 33

神奇的望远镜 33

哈勃望远镜 34

显微镜：洞见微观世界...........35
红外线与紫外线.............35
萤火虫与冷光.............36
激光：希望之光.............36

量子物理 37
原子的世界.............37

X射线的发现.............37
卢瑟福与粒子加速器.............38
居里夫人与镭.............38
狭义相对论：高速世界.............39
核能：用之不竭的能源.............39

化学创造的世界 40
合成橡胶.............40
塑料时代.............41
高吸水性树脂.............41
水泥：高楼大厦的材料.............42
油漆与涂料.............42
化肥：农作物的营养添
加剂.............43
农药：寂静的春天.............43
玻璃家族.............44

生活中的化学 45
富含矿物质的矿泉水.............45
去除异味的活性炭.............45
味精的发明.............46
肥皂与洗涤剂.............46
蕴含能量的干电池.............47
一擦就燃的火柴.............47
营养丰富的酸牛奶.............48
γ射线：看不见的消毒剂.............48

PART 2
电子科技篇 49

身边的电器 50
电饭煲：煮饭必备.............50
电磁炉：不见明火.............50
微波炉：瞬间加热.............50
电冰箱：低温保鲜.............51
家用洗衣机.............51
不用洗衣粉的洗衣机.............51
家用热水器.............52
吸尘器：清洁能手.............52
电风扇：凉爽的风.............53
空调：四季如春.............53
电视机：坐观天下.............54
等离子电视：保护眼睛的
电视.............54
液晶电视：长寿电视.............54
交互式数字电视.............55
指纹电子锁.............55
家用机器人：住在家里
的朋友.............55

电子与通信 56
从电报到电话.............56
程控电话：电信的重大变革
.............56
移动电话：即时通信.............57
蓝牙技术.............57

传真机：远程通信 58

微波通信：现代化的通信
  方式 58

光导纤维：信息高速公路
  的"路面" 59

光纤传感器 59

神通广大的卫星通信 60

走进电脑时代
计算机的发明：20世纪的
  奇迹 61

计算机的二进制运算 61

可穿戴的计算机 62

纳米计算机 62

光计算机：人机交际 63

神经电脑 63

互联网：信息穿梭的高速
  公路 64

互联网上的WWW 64

方便快捷的电子邮件 64

信息检索：一点即出 65

电子商务：不见面的交易 65

网上聊天：实时通信 65

网络游戏 66

电脑病毒：随着网络蔓延 66

令人头疼的垃圾邮件 66

PART 3

生物技术篇 67

生命的基本单位——细胞 68
发现细胞的人 68

细胞的形态和组成 68

细胞的分裂与分化 69

细胞的癌变 69

分子生物学 70
糖类：能量仓库 70

脂类：能量中转站 70

蛋白质：生命的奥秘 71

氨基酸：生命的标志 71

基因：生命的密码 72

基因重组：生物圈繁荣的
  基础 72

基因突变：突然发生的改变
  72

核酸：生命的使者 73

破译遗传密码 73

生物工程 74
发酵工程与人造肉 74

酶与酶工程 74

人工细胞融合 75

细胞核移植 75

"万用"干细胞 75

试管婴儿 76

基因工程与灵丹妙药 76

克隆技术:造一个一模一样

的你 77

克隆人的争论 77

仿生学 78

水母与风暴 78

蛙眼的启示 78

苍蝇与宇宙飞船 79

蝙蝠与回声定位 79

海豚与潜艇声呐系统 80

从藤壶到特种黏合剂 80

PART 4

工业新知篇 81

找矿与采矿 82

太空遥感找矿 82

地震探矿 82

"报告"矿藏的动物 83

植物"报矿员" 83

"闻"气找矿 84

海上采油 84

新型材料 85

从铁矿石到钢铁 85

用途广泛的锰钢 85

"记忆力"超强的记忆合金

.... 86

航天材料——钛合金 87

导电塑料:能导电的塑料 87

神通广大的新陶瓷 88

信息高速公路的基石——单

晶硅 89

引领新科技潮流的超导材料

.... 90

方兴未艾的纳米材料 91

设计与加工 92

流水线生产与亨利·福特 92

高效实用的压力铸造 92

削铁如泥的水刀 93

超声波加工 93

激光加工:目前最先进的

加工技术 93

无尘超净厂房 94

应用前景广阔的工业机器人

.... 94

商品的身份证——条形码 94

开发新能源 96

造油的细菌:"异想天开"

.... 96

"植物石油":绿色燃料 96

安全的原子核电站 97

处处可用的太阳能电池 97

取之不尽的风能 98

能量巨大的潮汐能 98

不稳定的波浪能 99

海水温差能.................................99
海洋盐差能.................................99
地热能：来自地球深处的
  能源...................................100
沼气：廉价的能源...................100
一举多得的垃圾发电..............101
氢：最清洁的能源..................101
燃料电池：宇宙飞船的动力
  来源...................................102
来自地球磁场的能量.............103
来自闪电的能量.....................103
来自极光的能量.....................104

PART 5

交通运输篇 105

现代交通 ▶▷▷▷▷▷▷▷ 106

立交桥与高架路.................106
高速公路：现代化公路.....106
"桥梁皇后"悬索桥.........107
大跨度的斜拉桥.................107
索道：空中运行的交通工具
 107
绵延万里的铁路.................108
穿山过海的隧道.................108
穿梭地下的地铁.................109
电梯：大楼里的交通线.....109

日新月异的车辆 ▶▷▷▷▷▷▷▷ 110

汽车的诞生.................................110
方便快捷的轿车.....................110
公共交通与公交车.................111
活力四射的越野车.................111
风驰电掣的方程式赛车.........112
无污染的电动汽车.................112
旅行房车：流动的家.............113
备受关注的太阳能汽车.........113
未来的智能汽车.....................114
引人注目的安全气囊.............114
最初的蒸汽火车.....................114
内燃机车：喝柴油的火车.....115
电力机车：吃电的火车.........115
蓬勃发展的高速列车.............116
磁悬浮列车：空中飞龙.........116
最早的摩托车.........................117
无辐条的新型赛车.................117

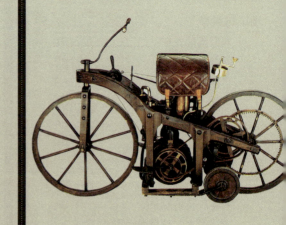

破浪而来的船舶 ▶️▥▥▥▥▥ 118

- 古老的独木舟 118
- 蒸汽轮船的出现 118
- 豪华游艇：贵族的水上行宫
  119
- 大鼻子的球鼻首船 119
- 稳定的双体船 120
- 体形庞大的半潜船 120
- 水翼艇：水中"飞行" 121
- 气垫船：水上飞行 121
- 集装箱船：运输大王 122
- 破冰船：冰海先锋 122
- 潜水器：海底探索者 122
- 驳船：靠船带动的船 123

展翅翱翔的飞行器 ▶️▥▥▥▥▥ 124

- 莱特兄弟与双翼飞机 124
- 喷气式飞机 124
- 协和式客机：超音速飞行 125
- 水上飞机：在水面滑行 125
- 滑翔机：御风而行 126
- 热气球：最早的升空载体 126
- 直升机：垂直起落 127
- 警用直升机：缉捕快手 127

- 超轻型飞机：家庭制造的
  飞机 128
- 不可小觑的飞艇 128

飞出地球的航天器和太空生活 ▶️▥▥ 129

- 火箭：探索空间的使者 129
- 运载火箭：人类飞向太空的
  得力助手 129
- 人造卫星 130
- 宇宙飞船：运送航天员的
  航天器 130
- 探测月球和行星的空间探
  测器 131
- 火星探路者 131
- 航天飞机：可循环使用的
  航天器 132
- 登月舱与月球车 132
- 空间站：迈向太空的中转站
  133
- "和平"号空间站：十五载的
  辉煌 133
- 太空里的生活 134
- 空天飞机：航天飞机的下
  一代 134
- 太阳帆：未来的航天器 135
- 异想天开的航天飞缆 135

交通安全科技 136

红绿灯的由来 136

计算机指挥交通 136

交通标志：车辆的向导 137

铁路信号：列车的向导 137

航标：船只的向导 138

SOS求救信号 138

繁忙的航空港 139

空中交通管制 139

卫星导航 140

全球定位系统（GPS）........ 140

PART 6

军事兵器篇 141

枪 142

步枪：枪中元老.................. 142

AK-47：神威兵器 142

手枪：小巧的武器 143

机枪：火力凶猛 143

间谍枪：杀人于无形 144

单兵自卫武器 144

炮 145

迫击炮：灵活机动 145

加农炮：长圆筒的野战炮 145

榴弹炮：使用最多的炮种 145

火箭炮：迅猛突击 146

高射炮：天空卫士 146

自行火炮：行动自由 147

激光炮：摧毁导弹 147

电磁炮：以电磁推动的炮 148

超声波炮：能隐蔽的炮 148

弹药 149

携带方便的手榴弹 149

杀伤力惊人的枪榴弹 149

炫目的闪光弹 149

穿甲弹：强拱硬钻 150

烟幕弹：金蝉脱壳 150

催泪弹：催人泪下的炸弹 151

燃烧弹：空中火雨 151

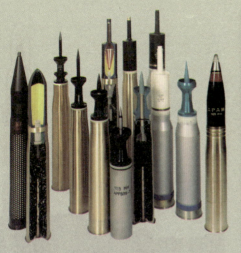

水雷：水中伏击.................. 152

鱼雷：火龙出水.................. 152

火焰喷射器：地面火龙 153

可怕的超声波子弹.............. 153

战车 ▷▷▷▷▷▷▷▷▷▷▷▷▷ 154

我国古代战车..................... 154

现代步兵战车——装甲战车

.... 154

攻守兼备的坦克.................. 155

丘吉尔坦克.......................... 156

虎式坦克.............................. 157

战舰 ▷▷▷▷▷▷▷▷▷▷▷▷▷ 158

古代维京船.......................... 158

我国的楼船.......................... 158

名扬一时的战列舰.............. 159

巡洋舰：海上猎豹.............. 159

驱逐舰：海上多面手.......... 160

护卫舰：海上守护神.......... 160

航空母舰：海上霸王.......... 160

潜艇：海底蛟龙.................. 161

战机 ▷▷▷▷▷▷▷▷▷▷▷▷▷ 162

战斗机：空中杀手.............. 162

B-2隐形轰炸机................... 163

阿帕奇武装直升机.............. 163

F-117A隐形战斗机............. 163

预警机：空中领袖.............. 164

反潜机：潜艇克星.............. 164

军用运输机：大肚能容...... 165

军用直升机：飞行杀手...... 165

导弹 ▷▷▷▷▷▷▷▷▷▷▷▷▷ 166

导弹：现代战争的主角........ 166

弹道导弹：精确命中.......... 166

响尾蛇与响尾蛇导弹.......... 167

一击中的的精确制导导弹........167

名震天下的爱国者导弹...... 168

飞鱼导弹：水面舰艇的克星

.... 169

战斧巡航导弹：身手不凡..... 169

宙斯盾导弹系统.................. 170

非常规武器 ▷▷▷▷▷▷▷▷▷▷▷▷ 171

原子弹：破坏力巨大 171

氢弹：轻核聚变.................. 171

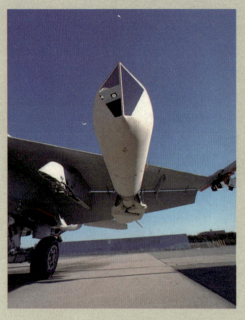

中子弹：高能中子辐射.........171

生化武器：最廉价的杀人

　武器...................................172

世界末日武器——基因武器

....172

新武器  173

太空武器：太空杀手.........173

次声武器：声波袭人.............174

不怕伤痛的机器人士兵.........174

气象武器：呼风唤雨.............175

航天母舰：太空巨无霸.........175

侦察与防护 176

军事通信卫星：军队的传令

　兵...................................176

侦察卫星：窃听能手.............176

防护装备：士兵的保护伞.........177

Part 1

数理化篇

文献：用文字、图形、符号、声频、视频等技术手段记录人类知识的一种载体。现在通常理解为图书、期刊等各种出版物的总和。

▶ 数学的起源
▶ 巴比伦泥版：卓越的数学成就

诞生之初的数学

■ 数学的起源

数学是一门最古老的学科，它的起源可以上溯到1万多年以前的原始时代。当时的人过着群居生活，平均分配猎物和采集到的食物，由此逐渐产生了数量的概念。为方便计数，人们开始尝试结绳计数或用石块计数，计数渐渐成为人们生活中的一项重要活动。

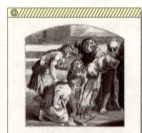

欧几里得教授几何

生活在亚历山大城的欧几里得（约前330～前275），是古希腊最富盛名的数学家，以其所著的《几何原本》闻名于世。

从现存资料来看，当时的四大文明古国都产生了自己的计数法和数学知识。然而，迄今为止，人们只在古代埃及和巴比伦发现了比较系统的数学文献。

随着古代埃及和巴比伦的衰亡，这些数学知识被好学的希腊人所继承，并逐渐发展成为一门系统的理论科学。古希腊文明毁灭后，这些数学理论又被阿拉伯人保存和继承了下来，并在几百年后传回欧洲，使数学再次走向繁荣，最终形成了近代数学体系。

■ 巴比伦泥版

卓越的数学成就

19世纪，考古学家在西亚的美索不达米亚地区挖掘出约50万块刻有楔形文字、跨越巴比伦许多历史时期的泥版，人们把它们称为巴比伦泥版。在这些泥版中，有近400块是记载有数字表和一批数学问题的纯数学书版，它们成为现代人分析巴比伦数学知识的宝贵原始文献。

巴比伦泥版表明，从约公元前2000年起，巴比伦人就开始使用60进位制的计数法进行复杂的运算，且出现了60进位的分数。

古巴比伦人具有高超的计算技巧，许多计算程序都是借助于各式各样的表来实现的。在近400块数学书版中，有一半是表，如乘法表、倒数表、平方表、立方表、平方根表和立方根表，甚至还有指数表。这些表格如同现在的《中学生数学用表》，只要掌握一定的读表知识，就可以直接读出数据，避免了烦琐的计算。

古巴比伦人拥有丰富的代数知识，从约公元前300年起，他们就得出60进位的达17位的数值，并掌握了一些应用题的解法，开始运用解一次、二次数学方程的经验公式。巴比伦泥版中有一个代数问题，是求一个数，使它与它的倒数之和等于已给定的数，而解答这个问题需要解一个二次方程。这说明古巴比伦人已经知道二次方程求根方法。此外，他们还学会了计算直边形的面积和简单立体的体积，且很可能已经知道了勾股定理的一般形式。

古巴比伦人卓越的数学成就推动了他们对天文、历法的研究。

巴比伦泥版

巴比伦泥版的出土表明古巴比伦的数学成就在早期文明中达到了极高的水平，但这些积累的知识仅仅是人们的观察和经验，尚缺乏理论上的依据。

【百科链接】

数：

数学上表示事物的量的基本概念，如自然数、整数、有理数、无理数、实数等。

▶ 金字塔与纸草书中的埃及数学
🔴 中国：十进制和二进制的故乡

《易经》："易"指变化，"经"指方法。它原是我国上古时期卜筮之术，经过周文王的整理和补注后，遂成为我国古代研究"天人之际"的学术经典。

＞＞＞＞＞＞＞＞＞＞＞
数理化篇

■ 金字塔与纸草书中的埃及数学

举世闻名的埃及金字塔，以其巧夺天工的建造艺术引来了无数观光者驻足。

其中，胡夫金字塔原高146.5米（现高137米），正方形基座边长原为233米（现为227米）。然而，就是这样一个庞大的建筑物，它的误差却小得惊人：各底边长度误差仅1.6厘米，约为全长的1/14563；基座直角误差仅12秒，为直角的1/27000；金字塔的四面正对东南西北，底面正方形两边与正北的偏差仅为2分30秒和5分30秒。测算结果的高精度使科学家相信，古埃及人一定掌握了丰富而高深的数学知识。随着科学家对古埃及人纸草书的破译，这一猜想得到证实。

纸草书是古埃及人写在纸莎草上的文字。1822年，"埃及学之父"、法国人商博良成功破译了纸草书，从中了解了古埃及人的数学成就。当时的古埃及人已掌握了加减乘除及分数的运算，解决了一元一次方程及某些方程组的问题。他们还会计算矩形、三角形的面积，以及圆柱体等的体积，且计算结果与现代计算值相近。

这样看来，金字塔的精确建造，自然也是古埃及人运用数学知识精心计算的结果。

■ 中国

十进制和二进制的故乡

在世界数学发展史上，我国古代的数学成就占有十分重要的地位。

早在五六千年前，我国就出现了简洁的数学符号。至商代时，刻在甲骨或陶器上的数字已十分常见。同时，人们开始普遍采用十进

埃及纸草书卷

纸草书卷的制作方法为：以生长在尼罗河三角洲的一种类似于芦苇的莎草科植物为材料，取其茎切成薄片浸泡，压干后连在一起制成纸莎草纸，然后用芦苇茎为笔在纸上书写象形文字，写成后卷起来，即为纸草书卷。

位制，甲骨文中出现了一、十、百、千、万等13种计数单位。有趣的是，"0"原本起源于我国古籍中删除错字的"圈除"符号，后来逐渐成为表示"不存在"的"零"。众所周知，只有"0"出现后，十进位制才算完备。印度于4世纪以后才开始正式使用"0"的符号，相比之下，我国才是当之无愧的十进制的故乡。

【百科链接】

二进制：

一种计数法，采用0和1两个数码，逢2进位。

我国还是二进位制的发源地。德国哲学家、数学家、微积分及计算机创始人莱布尼兹深入研究《易经》后认为，《易经》中的八卦图形记载的正是二进制的思想，而《易经》六十四卦则是自0到63的二进制写法。

胡夫金字塔（左）

有人认为，埃及金字塔中最大、最著名的胡夫金字塔存在着众多不解之谜，如将金字塔高度扩大10亿倍，约等于近日点的日地距离；用塔底的周长除以塔高的2倍，其值近似于圆周率等。

吠陀："知识""启示"的意思。印度宗教、哲学和文学领域中最经典、最古老的文献，经印度人世代口耳相传、历经数千年结集而成。

▷ "0"的发明：人类伟大的发明之一
▷ 阿拉伯数字：印度人发明的数学符号

有趣的数字

■ "0"的发明

人类伟大的发明之一

"0"是数学中最有用的数字符号之一，它的发明堪称人类伟大的发明之一，具有划时代的意义。

在世界数字史上，"0"的发明被公认为始于印度。公元前2500年前后，印度最古老的文献《吠陀》中已有"0"这个符号的应用，当时的"0"表示空的位置。不过，直至笈多王朝（320~550）时，"0"这个数字及其概念才正式出现。4世纪，印度人在数学著作《太阳手册》中开始使用"0"这一符号，将之运用到运算中，只不过当时是实心的小圆点"·"。7世纪初，印度大数学家葛拉夫·玛格蒲达首先说明了"0"的性质：任何数乘以0都得0，任何数加上0或减去0都得到它本身。后来，阿拉伯人用"0"代替了印度人的"·"来表示"零"。

阿拉伯商人

7世纪，阿拉伯人在穆罕默德的领导下建立了阿拉伯帝国。随着帝国的扩张，阿拉伯商人的足迹遍布亚、非、欧三大洲，成为各国文化交流的使者。阿拉伯数字也是由他们传向全世界的。

有学者认为，"0"之所以在印度产生并得以发展，是与印度文化"绝对无"的"虚空"哲学思想分不开的。

■ 阿拉伯数字

印度人发明的数学符号

阿拉伯数字的发明人并非阿拉伯人，而是古代印度人。

500年前后，随着经济、文化以及佛教的兴起和发展，印度数学发展迅速。

约700年时，阿拉伯人征服了印度地区，将印度北部的科学家抓到巴格达，强迫他们教授当地人印度数学的符号和体系。从此，印度人发明的数字在阿拉伯地区广为流传。后来，阿拉伯人将这些数字传到了欧洲。约1200年时，欧洲的学者正式采用了这些符号和体系。13世纪时，在意大利比萨的数学家斐波那契的倡导下，普通欧洲人也开始采用阿拉伯数字，至15世纪时阿拉伯数字的使用已相当普遍。

阿拉伯数字起源于印度，却是经由阿拉伯人传向四方的，这就是它们后来被称为阿拉伯数字的原因。

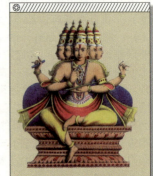

梵天像

梵，或称梵天，在印度教中是创造万物的神，他从虚空混沌中创造了世间万物。在印度文化中，梵代表虚空，是联系物质世界和精神世界的纽带，正如"0"是连接正数与负数的纽带一样。可以说，印度文化中的"虚空"概念是产生"0"的思想基础。

【百科链接】

零：

数的空位，在数码中多作"0"。

● 负数的引入：中国古代数学家的贡献　　　三国：对东汉以后西晋以前时代的称谓。因这一时期魏、蜀、吴三个国家鼎立
● 小数与小数点　　　　　　　　　　　　而得名。一般认为三国以公元220年曹丕称帝始，以公元280年晋灭东吴终。

数理化篇

■ 负数的引入

中国古代数学家的贡献

据史料记载，早在2000多年前，我国就有了正负数的概念，掌握了正负数的运算法则。

我国古代著名数学专著《九章算术》（成书于1世纪）最早提出正负数加减法的法则："正

《九章算术》书影

《九章算术》的编纂年代大约是在东汉初期，书中系统总结了战国、秦、汉时期的数学成就，同时还有许多独到的成就：不仅最早提到分数问题，还在世界数学史上首次阐述了负数及其运算法则。

负数曰：同名相除，异名相益，正无入负之，负无入正之；其异名相除，同名相益，正无入正之，负无入负之。"

三国时期的学者刘徽在建立负数的概念上作出了重大贡献。他给出了正负数的定义："今两算得失相反，要令正负以名之"；还给出了区分正负数的方法："正算赤，负算黑，否则以邪正为异"，即用我国传统的"算筹"运算时，用红色或正摆的小棍表示正数，用黑色或斜摆的小棍表示负数。

元代人朱世杰进一步深化了正负数的运算法则，他不仅明确给出了正负数同号异号的加减法则，还给出了关于正负数的乘除法则。

相比之下，在国外，负数出现得很晚。直至1150年，印度人巴士卡洛才首先提到负数；17世纪，笛卡儿创立坐标系，负数获得了几何解释和实际意义，才逐渐

得到公认。

■ 小数与小数点

小数是形式上不带分母的十进分数，是十进分数的特殊表现形式。第一个将小数的概念用文字表达出来的是三国时期的刘徽，他在计算圆周率的过程中，用到尺、寸、分、厘、毫、秒、忽7个单位；对于忽以下的更小单位则不再命名，而统称为"微数"。

小数点是小数的整数部分与小数部分的分界符号。小数点左边的部分是整数部分，小数点右边的部分是小数部分。整数部分是零的小数叫做纯小数，整数部分不是零的小数叫做带小数。

同整数一样，小数的计数单位也按照一定的顺序排列起来，它们所占的位置叫做小数的数位。

小数大小的比较方法与整数基本相同，即从高位起，依次把相同数位上的数加以比较。因此，比较两个小数的大小时，应先看它们的整数部分，整数部分大的那个数大；如果整数部分相同，十分位上的数大的那个数大；如果十分位上的数也相同，百分位上的数大的那个数大……依此类推。

笛卡儿

笛卡儿是17世纪法国哲学家、物理学家、数学家、生理学家。在数学方面，他一直致力于将代数和几何联系起来的研究，并于1637年创立了坐标系，成功创立了解析几何学，为微积分的创立奠定了基础。

因数：在数学中，一整数被另一整数整除，后者即是前者的因数。如1、2、4、8是8的因数，1、2、3、6、9、18是18的因数。

▶ 无理数的风波
▶ 质数的性质

■ 无理数的风波

　　无理数是实数中不能精确地表示为两个整数之比的数，即无限不循环小数，如圆周率、2的平方根等。为什么无限不循环小数会被称为无理数呢？

　　古希腊大学问家毕达哥拉斯死后，他的门徒们将其理论加以研究发展，形成了一个强大的毕达哥拉斯学派。该学派很重视数学，企图用数来解释一切。

　　一次，学派成员们在海上泛舟游玩。其中一名学者希帕索斯对毕达哥拉斯的理论提出疑问，认为并不是世界上的一切事物都可以用已知的数字来表示，如任何等腰直角三角形的斜边与一直角边之比，都不能用一个精确的数字表示出来。但这一见解触怒了其他成员，希帕索斯被投入大海淹死。

　　此次风波过后，学派成员逐渐发现希帕索斯的见解是正确的，的确存在无法用精确数字表示的事实，他们开始后悔杀死希帕索斯的无理举动。后人遂将这些无限的不能循环的小数称为无理数。

毕达哥拉斯
　　毕达哥拉斯以发现勾股定理（西方称毕达哥拉斯定理）著称于世。他用演绎法证明了直角三角形斜边平方等于两直角边平方之和，即勾股定理。

　　1872年，德国数学家戴德金从连续性的要求出发，

用有理数的"分割"来定义无理数，并把实数理论建立在严格的科学基础上，从而结束了无理数被认为"无理"的时代，也结束了持续2000多年的数学史上的第一次大危机。

■ 质数的性质

　　质数，即在大于1的整数中，只能被1和这个数本身整除的数，如2、3、5、7等，又称素数。相反，能被1和本身整除，又能被别的自然数整除的数，叫合数（复合数）。每个合数都可以表示成一些质数的乘积，这些质数称为合数的质因数。因此，质数是构成正整数的基本"材料"。

埃拉托色尼
　　埃拉托色尼（前275～前193）被西方地理学家誉为"地理学之父"。他博学多才，下知地理，上通天文，同时还是诗人、历史学家、语言学家、哲学家，曾担任过亚历山大博物馆的馆长。

　　但是，1既不属于质数，也不属于合数。不过，在历史上，1曾被当作质数。这样，对合数进行分解时就出现了合数分解结果不唯一的问题。为此，数学家提出了"算术基本定理"："每一个自然数（1除外）可以分解成质因数的乘积，如果不考虑因数的先后次序，分解的结果是唯一的。"这样一来，1就被排除在质数之外了。

　　此后，质数的有关问题一直受到数学家的关注。例如，古希腊的埃拉托色尼发明了可以快速求出1亿内的所有质数的筛法。

数学工具与符号

■ 印加人的奇普

奇普记事法是古代印加人的一种结绳记事的方法。它是一种用多种颜色的绳结来计数或记录历史的方法。

最初接触奇普的西方人是在秘鲁中部旅行的西班牙人。他们看到一个可能曾是一名官员的印第安人，当时这个印第安人正试图藏起一些他带着的东西。他们便搜了他的身，发现了一些神秘的打了结的绳子，即奇普。

经过审问，印第安人说他身上的奇普记载了西班牙征服者在这个地区做过的所有事情。西班牙首领菲格雷多得知后很快没收并烧毁了这些记录，还惩罚了这个印第安人。

西班牙人认为，奇普不仅是计数工具，还是一种记载历史故事、宗教秘密甚至诗歌的书面文件。1542年，西班牙殖民统治者克里斯托瓦尔·威卡·德·卡斯特罗为了汇编印加的历史，曾召集奇普卡玛雅（印加的绳结保管人）"翻译"这些绳子。他保留了卡玛雅"翻译"的事件，却毁掉了那些绳子。

之后的很长时间，学术界对奇普的含义一直争论不休。进入20世纪后，越来越多的学者认为，

奇普是印加人记载事件的"文字"，并力图解开其中的秘密。但因为这种结绳记事方法已经失传，目前还没有人能够了解其全部含义。

圆规

圆规是绘制圆形时最重要的绘图工具。现在已经证明，用直尺（没有刻度的）和圆规作出的图，单用圆规也能作出。

印加人的奇普

这是12世纪的印加人所使用的奇普之一，由一条主绳和系在上面的垂带组成。垂带共有66条，分为40条褐带和26条白带。

■ 尺与圆规

我国《史记·夏本记》里载大禹治水"左准绳，右规矩"。这里的"规"就是最早的圆规，"矩"就是尺。

尺又称间尺，是用来画线段（尤其是直的）、量度长度的工具。

【百科链接】

刻度：
量具、仪表等上面刻画的表示量（如尺寸、温度、电压等）的大小的条纹。

在标尺作图中，尺被视为可画无穷长的直线的工具。尺上通常有刻度以量度长度，有些尺更是在中间空出特殊形状，如字母或圆形的洞，方便使用者画图。尺通常以塑料或铁制成，也有用硬纸、木、竹制造的。

在数学和制图里，圆规是用来绘制圆或弧的工具，常用于尺规作图。圆规的种类很多，有梁规、弹簧小圆规和活心小圆规等。

圆规有两只脚，上端铰接，下端可随意分开或合拢，以调整所绘圆弧半径的大小。这两只脚中，一只脚的末端为针尖，另一只脚的末端为绘图铅笔或墨线。有的圆规还装有延伸杆，可画出较大的圆。使用圆规时，将带钢针的一端固定在物体上，旋动上端圆柄，夹有铅笔的一端便会沿固定半径画弧或圆。

算筹与算盘

算筹是我国古代算盘发明之前最重要的计算工具，早在春秋战国时就已普遍运用了。

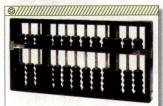

算盘

中国传统算盘为长方形，四周是木框，里面固定着一根根小木棍，上面穿着木珠。中间一根横梁将算盘分成两部分：每根木棍的上半部有2个珠子，每个珠子当5；下半部有5个珠子，每个珠子当1。

算筹采用数值十进位制的计数方法：同一个数字在不同的数位上，数值也就相应不同，每进一位数值乘10。为了不使数字和数位混淆，算筹采用纵式和横式两种方法计数，计数规则是：个位用纵式，十位用横式，百位再用纵式……这样纵横交替摆放，就可以摆出任意大的数字来了。我国古代数学家祖冲之最先将圆周率精确到小数点后的第6位，他当时使用的计算工具正是算筹。

随着手工业、商业的发展，数学计算日益复杂，筹算逐渐发展为珠算。对珠算的最早的文字记载见于三国时期徐岳撰的《数术记遗》："珠

【百科链接】

数位：
　　数字在数中所处的位置。

算，控带四时，经纬三才。"明朝人吴敬在《九章详注比类算法大全》中记载了有关珠算的算法。1573年徐心鲁所校订的《盘珠算法》一书中记有类似现在使用的算盘的图形样式。此后，珠算及算盘在社会上得到广泛应用，并逐渐流传到了其他国家。

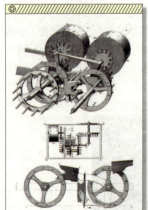

帕斯卡

帕斯卡（1623～1662），法国著名数学家、物理学家、哲学家和散文家。他在1653年首次提出了著名的帕斯卡定律，写成了《液体平衡的论述》，详细论述了液体压强的传递问题。

机械计算机

帕斯卡加法器

世界上第一台机械计算机——帕斯卡加法器是由法国哲学家、数学家、物理学家帕斯卡于1642年设计制造的。

帕斯卡加法器构造图

1642年到1644年间，在帮助父亲做税务计算工作时，帕斯卡发明了加法器。这是世界上最早的计算器，现陈列于法国博物馆。

帕斯卡加法器是一个由一系列齿轮组成的、类似长方形盒子的装置。机器中有一组轮子，每个轮子上刻着从0到9的10个数字。右边第一个轮子上的数字表示十位数字，依此类推。这个加法器利用齿轮传动原理，通过手工操作，可以计算六位数的加减法。

进行加（或

减）法运算时，先在加法器的轮子上拨出一个数，再按照第二个数在相应的轮子上转动对应的数字，最后就会得到这两个数的和（或差）。如果两个数字之和（或差）超过了10，加法器就会自动通过齿轮进位，因为某一位的小轮转动了10个数字后就会迫使下一个小轮正好转动一个数字。计算所得的结果会在加法器面板上的读数窗上显示出来。计算完毕后，把轮子都恢复到零位，加法器即可应用于下一次计算。

帕斯卡加法器一经展出，便在法国引起轰动。其后十年，帕斯卡对加法器继续改进，共造出50多台，现存有8台。

【百科链接】

算术：
数学的一个分支，是数学中最基础、最初等的部分。

加减乘除符号的由来

加减符号最早正式出现在德国数学家维德曼写的《商业速算法》一书中："+"表示超过，"−"表示不足。1514年，荷兰数学家赫克首次用"+"表示加法，用"−"表示减法。1544年，德国数学家施蒂费尔在《整数算术》中正式用"+"和"−"表示加减。

乘号"×"是英国数学家奥特雷德首创的。1631年，他在著作《数学之钥》中提出用"×"表示相乘。后来，莱布尼兹认为"×"容易与"X"相混淆，建议用"·"表示乘号。这样，乘号"·"也得到了承认。

除号"÷"是英国人瓦里斯最初使用的，后来在英国得到推广。但在德国，莱布尼兹提出的除号":"也沿用至今。

雷格蒙塔努斯
雷格蒙塔努斯，德国数学家、天文学家。他翻译、注释并出版了托勒密、阿波罗尼奥斯、阿基米德和海伦等希腊数学家的著作，对欧洲数学的发展起到了重要的推动作用。

等号的出现

"相等"是数学中最重要的关系之一，不过表示"相等"意义的等号"="却直到16世纪才出现。"="出现前，我国古代以汉字"等"或"等于"表示"相等"；印度的巴赫沙里残简中以相当于"pha"的字母为等号；德国数学家、天文学家雷格蒙塔努斯（1436~1476）以破折号"——"为等号。如此种种，不一而足。

1557年，英国数学家雷科德（约1510~1558）在其著作《砺智石》中，首次引入等号"="，符号中的两条线一样长，表明其连接的两个量也相等。因而，等号也称为雷科德符号。不过，直至17世纪末，"="才广为人们接受并沿用至今。

阿拉伯人的分数线

我国古代的分数记法分两种：一是汉字记法"……分之……"；一是筹算记法，即用算筹摆出相应的图案。而印度人记载分数时，会把分子记在上面，分母记在下面，带分数的整数部分排在最上面，这种分数记法对世界的影响很大。

12世纪，阿拉伯人海塞尔最先采用分数线"—"。其后，意大利数学家斐波那契（约1170~1240）将分数线引入欧洲。1845年，英国数学家、逻辑学家德·摩根在《函数计算》一文中提出以斜线"/"来表示分数线，也得到了承认。

发明除号的英国人瓦里斯
英国的瓦里斯最先使用了除法符号"÷"。"除"的本义是"分"，符号"÷"中间的横线正好把上、下两部分分开，形象地表示了"分"。

有趣的数学问题 ❧

■ 棋盘上的麦粒问题

古印度宰相达依尔为讨好国王舍罕王，献上了自己发明的国际象棋。舍罕王非常满意，许诺可以满足达依尔提出的任何要求。

达依尔便说："陛下，请您按棋盘的格子赏赐我一点麦子吧，第1个小格赏我1粒麦子，第2个小格赏我2粒，第3个小格赏4粒，以后每一小格都比前一个小格赏的麦粒数增加一倍。只要把棋盘上全部64个小格按这样的方法得到的麦粒都赏赐给我，我就心满意足了。"

当舍罕王按照达依尔的要求计算所需麦粒数量时，不禁大为震惊：

$$1+2^1+2^2+2^3+\cdots+2^{63}=2^{64}-1$$

第　第　第　第　　　第
1　　2　　3　　4……　64
格　格　格　格　　　格

$=18446744073709551615$（粒）

舍罕王发现，即便倾国所有，他恐怕也无法实现他的允诺。

实际上，棋盘上的麦粒问题是一个等比数列求和的数学题。等比数列是一个后一项与前一项之比恒为常数q的数列，也叫公比为q的等比数列。当$q>1$时，它的前n项和会随着n的增大迅速增加。在上面这则故事里，$q=2$，$n=64$，运用等比数列求和后，自然得到一个巨大的计算值。

■ 哥德巴赫猜想

数学皇冠上的明珠

1742年6月7日，哥德巴赫给大数学家欧拉写了一封信，信中提出看似简单的两个问题：

是否每个不小于6的偶数都能表示为两个奇质数之和？如6=3+3，14=3+11等。

是否每个不小于9的奇数都能表示为三个奇质数之和？如9＝3＋3＋3，15=3+5+7等。

6月30日，欧拉在回信中认为，这个猜想可能是真的，但他无法证明。这就是哥德巴赫猜想。

人们采取了"迂回战术"来解决哥德巴赫的第一个问题，即先把偶数表示为两数之和，而每一个数又是若干质数之积。因此，如果把每一个大偶数表示成为一个

中国数学家陈景润

陈景润是中国科学院数学研究所研究员，主要从事解析数论方面的研究。他在哥德巴赫猜想研究方面取得了国际领先的成果。

【百科链接】

数列：

按照一定次序排列的一列数。项数有限的数列称为有限数列，反之则为无限数列。

国际象棋

大约在500年以前，印度北部就有了"国际象棋"这种游戏。当时的游戏规则要简单得多，棋子代表着古印度的步兵、武士、战车和大象。在棋盘上，国王和他的维齐（即王后）统率一切。

质数因子不超过a个的数与另一个质数因子不超过b个的数之和，记作"a+b"，那么哥德巴赫猜想就是要证明"1+1"成立。

1966年，我国数学家陈景润证明了"1+2"成立，距离猜想的最终结果"1+1"仅一步之遥，这是目前最好的结果。

■ 罗素悖论

谁为理发师理发？

罗素悖论又称理发师悖论，是由英国著名数学家伯特兰·罗素（1872~1970）于1901年提出的。它的内容是：某理发师曾发誓要给所有不自己理发的人理发，不给所有自己理发的人理发。那么，他到底能不能给自己理发呢？要是理发师给自己理发，那他就是一个自己理发的人，按他的誓言来看，他不给自己理发；如果他不给自己理发，就是不自己理发的人，依其誓言，他就必须给自己理发。问题出现了——谁为理发师理发呢？

罗素悖论一经提出，便在数学界与逻辑界引起了集合论的危机。

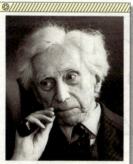

伯特兰·罗素

罗素是20世纪最有影响力的哲学家、数学家和逻辑学家之一。罗素悖论的提出在当时的数学界与逻辑界引起了极大震动，触发了第三次数学危机。为了克服这些悖论，数学家们做了大量研究工作，由此产生了大量新成果，也带来了数学观念的革命。

1874年，德国数学家康托尔创立了集合论，它很快成为现代数学的基石。而罗素悖论却指出集合论中有自相矛盾的漏洞，使集合论产生了危机。

根据罗素悖论，德国著名逻辑学家弗里兹发现自己忙了很久得出的一系列结果存在漏洞，他只能在自己著作的末尾写道："一个科学家所碰到的最倒霉的事，莫过于在他的工作即将完成时却发现所干的工作的基础崩溃了。"

康托尔与夫人

格奥尔格·康托尔，德国数学家，集合论的创始者。他肯定了无穷数的存在，并对无穷问题进行了哲学的讨论，最终建立了较完善的集合论，为现代数学的发展打下了坚实的基础。

■ 鸡兔同笼问题

鸡兔同笼问题是我国古算书《孙子算经》（约成书于1500年前）中著名的数学问题，其内容是：有若干只鸡和兔在同一个笼子里，从上面数，有35个头；从下面数，有94只脚。求笼中各有几只鸡和兔。

孙子是这样求解的：首先假设砍去每只鸡和每只兔1/2的脚，那么鸡都变成了"独脚鸡"，而兔子都变成了"双脚兔"，它们的脚数由94只变成了47只。而每只"独脚鸡"的头数与脚数之比变为1:1，每只"双脚兔"的头数与脚数之比为1:2。由此可知，有一只"双脚兔"，脚的数量就会比头的数量多1。因此，"独脚鸡"和"双脚兔"脚的数量与它们头的数量之差，即兔子的数量是：47−35=12只，鸡的数量是：35−12=23只。

在数学上，"砍足法"的思维方法叫化归法。化归法是指在解决问题时先不直接分析问题，而是将题中的条件或问题进行变形，使之转化，直到最终把它化归成某个可以解决的问题。

■ 七桥问题

欧拉的数学模型

18世纪初，普鲁士的柯尼斯堡城（今俄罗斯加里宁格勒）普雷格尔河上有7座桥。该城居民经常沿

【百科链接】

集合

数学上指若干具有相同属性的事物的总体，简称集。

河过桥散步，因而热衷于一个难题：是否存在一条路线，可不重复地走遍7座桥，最后仍回到起始地点？这就是七桥问题。

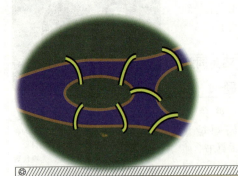

柯尼斯堡七桥问题

18世纪初，流经普鲁士柯尼斯堡的普雷格尔河中有个奈发夫岛，全城共有7座桥横跨河上，把城镇与小岛连接起来。柯尼斯堡七桥问题就是由这7座桥引发而来。

1736年，18世纪瑞士最优秀的数学家欧拉（1707～1783）来柯尼斯堡访问，了解到七桥问题后试图解答。他将每一块陆地考虑成一个点，连接两块陆地的桥以线表示。结果，七桥问题就转化成判断联通网络能否一笔画的问题了。欧拉还给出联通网络一笔画的充分条件：它们是联通的，且奇顶点（通过此点弧的条数是奇数）的个数为0或2。

【百科链接】

拓扑学：

几何学的一个分支，研究几何图形在连续改变形状时还能保持不变的一些特性，它只考虑物体间的位置关系而不考虑它们的距离和大小。

根据这一思路，欧拉得出答案：不存在。理由是：每个点如果有进去的边就必须有出来的边，这样每个点连接的边数必须有偶数个才能完成一笔画。但七桥所成之图形中，每个点都连接着奇数条边，因此不可能一笔画出。

欧拉把实际问题抽象成合适的数学模型，从而顺利解决了七桥问题。他的巧解，为后来的

数学新分支——拓扑学的建立奠定了基础。

为地图着色的四色问题

1852年，英国人弗南西斯·格思里提出了四色问题：是否每幅地图都可以用四种颜色着色，而且又使有共同边界的国家着上不同的颜色呢？

1872年，英国数学家凯利正式向伦敦数学学会提出四色问题，于是四色猜想成了世界数学界关注的问题，科学家为此绞尽脑汁，却一无所获。四色问题遂成为世界近代三大数学难题之一。

进入20世纪，人们对四色问题的证明有了实质性进展。1939年，美国数学家富兰克林首先证明了22国以下的地图都可以用四色着色，之后又推进至50国。1976年，美国数学家阿佩尔与哈肯利用美国伊利诺伊大学的两台不同的电子计算机，用了1200个小时，作了100亿次判断，终于完成了四色定理的证明。这不仅解决了一个历时100多年的难题，而且对平面图理论、代数拓扑论、有限射影几何和计算机编码程序设计等理论的发展起到了极大的推动作用。

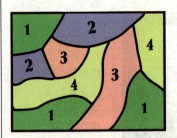

四色猜想

作为世界近代三大数学难题之一，四色猜想在1852年由英国人提出，而直到100多年后的1976年，才最终由美国数学家阿佩尔和哈肯用计算机完成了证明。

形象万千 ❧

■ 黄金分割的发现

黄金分割的定义是：把一条线段分成两部分，使其中一部分与全长的比等于另一部分与这部分的比，其比值约为0.618。因为按这个比例设计的造型比较美观，所以这个比例被称为黄金分割。

黄金分割的发现由来已久。公元前6世纪，古希腊的毕达哥拉斯学派就研究过正五边形和正十边形的作图方法，因此，现代数学家们推断，当时的毕达哥拉斯学派已触及甚至掌握了黄金分割。公元前4世纪，古希腊数学家欧多克索斯首次系统研究了这一问题，并建立了比例理论。公元前300年前后，古希腊数学家欧几里得在撰写《几何原本》时，吸取欧多克索斯的研究成果，进一步系统论述了黄金分割。《几何原本》是最早论述黄金分割的著作。

中世纪时，意大利数学家巴巧利在1509年出版的《神圣比例》一书中也论述了黄金分割。德国天文学家开普勒则将黄金分割称为神圣分割。至19世纪，黄金分割广为通行。

五角星形的茑萝花

五角星形是个很奇妙的图形，其上所有线段之间的长度关系都符合黄金分割比。很多国家的国旗上都有五角星，因为它给人权威、公正、公平的感觉。

■ 独具魅力的勾股定理

勾股定理是初等几何中的一个基本定理，内容是：在直角三角形中，两条直角边的平方和等于斜边的平方。

在我国，勾股定理又称商高定理，源自中国最早的一部数学著作——《周髀算经》。《周髀算经》中有一段关于周公向商高请教数学知识，商高以"勾广三，股修四，径隅五"（即勾三股四弦五）对答的论述。而稍后的《九章算术》一书对勾股定理作出了更加规范的一般性表述。

达·芬奇名画《维特鲁威人》

在这幅著名的素描中，达·芬奇精准地描绘出男性身体黄金分割的比例之美。在画中，人体的躯干和四肢的关键部位画有一些切线，它们就是人体结构的分割线，用以说明人体结构的规律性。

我国古代数学家不仅很早就发现和应用了勾股定理，还尝试对其作出理论证明。其中，最早对勾股定理作出证明的是三国时期吴国的数学家赵爽（即赵君卿）。他深入研究了《周髀算经》，依据几何图形面积的换算关系证明了勾股定理。他在一段"勾股圆方图"注文中将勾股定理表述为："勾股各自乘，并之，为弦实。开方除之，即弦。"

在西方，有文字记载的最早证明勾股定理的是古希腊哲学家、数学家毕达哥拉斯。据说，他证明了勾股定理后欣喜若狂，杀牛百头以示庆贺，因此勾股定理又称"百牛定理"。

古往今来，对勾股定理的证明数不胜数，这恐怕是任何其他定理都无法比拟的，充分显示了勾股定理的独特魅力。

【百科链接】

定理：

。已经证明具有正确性、可以作为原则或规律的命题或公式。

■ 美妙的对称

闹钟、飞机、电扇，这些都是我们生活中常见的事物，虽然它们的功能、属性完全不同，但它们的形状却有一个共同特性——对称。在闹钟、飞机的外形图中，我们可以找到一条线，线两边的图形是完全一样的，数学上把具有这种性质的图形叫做轴对称图形，把这条线叫做对称轴。

人们之所以把闹钟、飞机等制成对称形状，不仅为了美观，还有一定的科学依据：闹钟的对称保证了走时的均匀性，飞机的对称使飞机能在空中保持平衡。

对称也是艺术家们创造艺术作品的重要准则。对称在建筑艺术中的应用更为广泛，北京城的整个布局就是以故宫—天安门—人民英雄纪念碑—前门为中轴线两边对称的。

> **【百科链接】**
>
> 对称：
> 　　指图形或物体对某个点、直线或平面而言，在大小、形状和排列上具有一一对应关系。

对称还是自然界的一种生物现象，不少植物、动物都有自己的对称形式。如人体就是以鼻尖和肚脐的连线为对称轴的对称形体。

对称还是数学研究的重要内容，但数学中的对称概念不仅限于图形的对称，还包括坐标轴对称、对称方程、对称行列式、对称矩阵等概念。

■ 神奇的莫比乌斯带

1858年，德国数学家、天文学家莫比乌斯（1790~1868）发现：一个扭转180度后再两头粘接起来的纸带具有非常神奇的性质：原本有两个面的纸带变成了只有一个侧面的圆圈，一只小虫可以爬遍整个曲面而不必跨过它的边缘。人们把这种由莫比乌斯发现的神奇的单面纸带称为莫比乌斯带。

《骑士》
　　艾舍尔利用莫比乌斯带创作了许多作品。这幅画是他于1946年创作的三色木刻版画，曾被著名物理学家杨振宁选作他的《基本粒子》一书的封面。

实际上，莫比乌斯带是一种拓扑图形。拓扑学是几何学的一个分支，它是一门非常有趣的学问，与打结、纸带、解铅丝等游戏有着密切的联系。拓扑学所研究的图形是在运动中无论大小或者形状都会发生变化的图形。

莫比乌斯带具有许多神奇的特点。例如，用剪刀沿纸带的中央剪开，会发现纸带不但不会一分为二，反而变成了一个两倍长的纸圈，而这个新的纸圈本身却是一个双侧曲面，两条边界自身并不打结，却相互套在一起。

具有神奇性质的莫比乌斯带能帮助我们解决许多平面上无法解决的问题，它因此得到了人们尤其是艺术家和科技人员的青睐。

《莫比乌斯二代》
　　这是荷兰著名艺术家艾舍尔的作品。如果在这个带上跟踪蚂蚁的路径，将会发现它们不是在相反的面上走，而是都走在一个平面上。

动与静

■ 万物都在运动

奔走的人群，急驰的汽车，游动的鱼，航行的轮船……它们都在运动。同时，由于地球昼夜不停地自转，那些看似固定不动的物体，如青山、桥梁、房屋、烟囱等也都在运动。因此，自然界中的万物都在运动，绝对不动的物体是不存在的。实际上，不止地球上的万物在运动，宇宙间所有的物体也都在运动，如月亮以1千米/秒的速度围绕地球运转等。

太阳系

太阳系每时每刻都在运动，除了八大行星的自转和公转之外，整个太阳系的移动速度约为每秒220千米，每2.26亿年围绕银河系中心转一圈。

当然，我们可以说一种事物相对于一个参照物呈现出静止状态。但静止也是运动，是运动的特殊状态。所以说运动是绝对的，静止是相对的。

■ 速度

运动快慢的标准

速度是表示物体运动方向和运动快慢的物理量，它说明物体的运动状态。

速度是矢量，有大小，也有方向。速度的大小在数值上等于单位时间内物体位移的大小，速度的方向就是物体运动的方向。在匀速直线运动中，速度在数值上等于单位时间内通过的路程。

速度包括平均速度和瞬时速度。如陆地上行动最快的动物猎豹，短距离奔跑的平均速度达60至70千米/小时，而它追逐猎物时的瞬时速度可达113千米/小时。

速度的计算公式是：

v（速度）$=s$（位移）$/t$（时间）。

速度的单位是长度单位和时间单位的合成单位。在国际单位制中，它最基本的单位是米/秒（m/s），常用的还有厘米/秒（cm/s）、千米/小时（km/h）。

■ 密度

质量与体积之比

物质的质量跟它的体积的比值叫做密度。因此，如果物质的质量分布是均匀的，物质的体积为V，质量为m，则密度$p=m/V$。对于非均匀物质，则用平均密度来表示质量体积比。

物质的密度会随着压强和温度的变化而变化，气体密度的变化尤为明显。标准状况下，干燥空气的平均密度为0.001293×10^3千克/立方米。

固态或液态物质的密度在温度和压强变化时，只会发生很小的变化。而液体的密度和液体中所溶解的物质的浓度有非常密切的关系。

密度在科学研究和生产生活中有着广泛的应用。如鉴别未知物质时，密度是一个重要的依据，稀有气体氩就是这样被发现的。

月球（局部）

月球的体积相当于地球体积的1/49，质量约等于地球质量的1/81。而月球的平均密度是3.33克/立方厘米，地球密度是5.5克/立方厘米，因此有科学家认为月球内部可能是空洞。

【百科链接】

运动：

宇宙间所发生的一切变化和过程，从简单的位置变动到复杂的人类思维，都是物质运动的表现。

■ 重力

来自脚下的力

重力是地球吸引其他物体的力，力的方向指向地心，也叫地心引力。

重力对我们的生活影响非常大。因为重力，风霜雨雪才会落到地面上，河水才会向低处流动，飞出去的气球才会落到地面上……我们的世界才会保持它现在的样子。

■ 苹果落地与万有引力

据说，有一次，英国科学家牛顿正坐在苹果树下思考物理问题，突然，一个熟透的苹果掉落到地上。这件事引发了牛顿的好奇心：为什么苹果总要落向地面呢？

经过漫长的研究，1687年，牛顿发表了著名的《自然哲学的数学原理》一书，第一次假定了万有引力定律。牛顿认为，万有引力是存在于任何物体之间的相互吸引的力；万有引力的大小与两物体的质量的乘积成正比，与物体间距离的平方成反比，而与两物体的化学本质或物理状态以及中介物质无关。

重力也属于万有引力，是地球与它周围的物体之间的引力。实际上，不但地球对它周围的物体有吸引作用，宇宙万物间都存在着这种

牛顿

艾萨克·牛顿（1643～1727），英国著名物理学家、数学家、天文学家、自然哲学家和炼金术士。他在1687年发表的论文《自然哲学的数学原理》里，对万有引力和三大运动定律进行了描述。

吸引作用。万有引力是太阳和地球等天体之所以如此存在的原因——没有万有引力，天体将无法相互吸引形成天体系统，而我们所知的生命形式也将不会出现。

万有引力同时也使地球和其他天体按照它们自身的轨道围绕太阳运转，使月球按照自身的轨道围绕地球运转，这样就形成了潮汐以及其他各种各样的自然现象。

了解到万有引力及其定律后，人们逐渐将之应用到天文学及其他科技领域。在天文学上，人们可据此计算和了解太阳系各行星的详细信息等；在其他领域，人们可以利用水的重力将势能转化为电能等。

瀑布

中国有句古话叫"人往高处走，水往低处流"，瀑布正是"水往低处流"的典型写照。水的这种"谦卑"被老子视为一种美德，而这种美德实际上是重力赋予它的。

【百科链接】

潮汐：
　　通常指由于月球和太阳的引力而产生的水位定时涨落的现象。

▶ 惯性：维持原状
▶ 摩擦与摩擦力

达·芬奇：全名为列昂纳多·达·芬奇，文艺复兴时期著名画家，代表作品有
《蒙娜丽莎》《最后的晚餐》《岩间圣母》《圣安娜与圣母子》等。

数理化篇

■ 惯性

维持原状

惯性是生活中一种普遍存在的现象，如行驶的汽车刹车后，不会马上停止前进；公共汽车刹车时，乘客的身体会向前倾，这些都是惯性的作用。

惯性也是物理学的重要研究内容之一。1632年，在大量实验的基础上，伽利略在其著作《关于托勒密和哥白尼两大世界体系的对话》中发表了惯性原理：一个不受任何外力的物体将保持静止或匀速直线运动状态。这个原理挑战了亚里士多德物理学所认为的"保持物体以匀速运动的是力的持久作用"

绑防滑链的汽车轮胎

汽车在平常路面上不易打滑，而在冰面上却极易打滑，因为冰的摩擦系数较小，使汽车前进和刹车的摩擦力不足。所以下大雪时很多车辆都要在轮胎上绑上防滑链，以增加摩擦力。

爱因斯坦

阿尔伯特·爱因斯坦（1879～1955），举世闻名的德裔美国科学家，现代物理学的开创者和奠基人。1905年9月，他写了一篇短文《物体的惯性同它所含的能量有关吗？》，文中阐述了相对论的一个推论。

的观点，摧毁了反对哥白尼的所谓缺乏地球运动的直接证据的借口，成为近代科学的起点。

而被现代社会所普遍认知的惯性原理，则来自于牛顿第一定律：所有物体都将一直处于静止或者匀速直线运动状态，直到出现施加其上的力改变它的运动状态为止。

牛顿的惯性原理是经典物理学的基础之一，但对惯性原理的理解却随着现代物理学的发展而出现了改变。其中，对惯性研究取得重大进展的是爱因斯坦，他发现的惯性与能量的关系成为广义相对论的基石。

■ 摩擦与摩擦力

摩擦，就是两个相互接触的物体，当有相对运动或有相对运动趋势时，在接触面上产生的阻碍运动的现象。其阻碍运动的作用力叫摩擦力。根据不同的摩擦现象，摩擦又分静摩擦、滑动摩擦和滚动摩擦。不同的摩擦现象，其摩擦力也不同。

人类对摩擦的认识已有悠久的历史。史前人类就已认识到摩擦的正反两方面：钻木取火，即利用摩擦生热；在重物运输中采用润滑剂减小阻力，即减小摩擦力。

较早对摩擦和摩擦力进行科学研究的是15世纪中叶的达·芬奇，而对其规律作出探讨的则是阿蒙通和法国物理学家、力学家库仑。他们在伽利略发现惯性原理、牛顿发表运动三定律的理论基础上，经过大量实验，于1699年和1781年提

【百科链接】

力：

物体之间的相互作用，是使物体获得加速度和发生形变的外因。力有三个因素，即力的大小、方向和作用点。

出摩擦定律（又称库仑定律）。之后，库仑摩擦定律成了工程应用中的指导法则。

实际上，在日常生活或生产中，人们都会自觉或不自觉地运用摩擦规律。如为加大摩擦，在光滑的路面上撒一些炉灰或沙土、在车轮上加挂防滑链等。

■ 重心

不倒翁的奥秘

不倒翁形似老翁，上轻下重，无论如何摇摆，它总会在被扳倒后自己竖立起来。不倒翁之所以不倒，奥秘都在重心上。重心就是物体内各点所受的重力产生的合力的作用点。一般来说，要使一个物体稳定，不易翻倒，必须满足两个条件：第一，它的底面积要大；第二，它的重量尽可能集中在底部，换言之，重心越低（上轻下重），物体越稳定。

圣诞老人不倒翁

不倒翁推不倒的奥秘就在于它的重心很低。在生活中，为增加物体的稳定性，我们常采用加重物体下部重量的方法使其重心尽量降低，如电扇底座、话筒架、公共汽车站牌的底座等都采用这种方法。

不倒翁的整个身体都很轻，只是底部有一块较重的铅块或铁块，这样重心就很低；另一方面，不倒翁的底面大而圆滑，容易摆动。当不倒翁在竖立状态处于平衡时，重心最低。而当它向一边倾斜时，由于支点（不倒翁和桌面的接触点）发生变动，重心和支点就不在同一条铅垂线上，这时，在重力作用下，不倒翁会围绕支点摆动，直到恢复正常的位置。不倒翁倾斜的程度越大，重心离开支点的水平距离就越大，重力产生的摆动效果也越大，使它恢复到原

撬动地球

阿基米德有一句世界闻名的豪言壮语："给我一个支点，我可以撬动地球。"充分说明了杠杆所能发挥的巨大力量。

位的趋势也就越显著，所以不倒翁也就永远不会被推倒。

■ 杠杆

省力的装置

杠杆是一个在力的作用下绕着固定点转动的杆，它绕着转动的固定点叫支点，动力的作用点叫动力点，阻力的作用点叫阻力点。改变三点间两段距离的比率，可以改变力的大小。如剪刀（支点在中间）、铡刀（阻力点在中间）、镊子（动力点在中间）等就属于这一类。

最早对杠杆进行理论研究的是古希腊科学家阿基米德。他首先把杠杆实际应用中的一些经验知识当作"不证自明的公理"，然后从这些公理出发，结合几何学，通过严密的逻辑论证，在《论平面图形的平衡》一书中提出杠杆原理：两重物平衡时，它们离支点的距离与重量成反比。这个原理成为现代物理学杠杆研究的基础。阿基米德流传至今的名言"给我一个支点，我可以撬动地球"，最初说的就是杠杆原理。据说，阿基米德曾经借助杠杆和滑轮组使停放在沙滩上的桅船顺利下水；在保卫叙拉古免受罗马海军袭击的战斗中，阿基米德利用杠杆原理制造了远、近距离的投石器。

【百科链接】

公理：

经过人类长期反复实践的检验，不需要再加以证明的命题和原理。

使用动力臂比阻力臂长的杠杆可以省力，用动力臂比阻力臂短的杠杆可以省距离。但是，要想又省力而又少移动距离是不可能实现的。

■ 奇妙的浮力

浮力是物体在流体（液体或气体）中受到的向上托的力。那么，为什么同样受到浮力，树叶和石块会一个漂浮在水面，一个沉落到水底呢？

对此，阿基米德解释说：物体在液体（气体）中所受的浮力，等于它所排开的液体（气体）的重力。这就是力学中的基本原理之一——浮力定律，也称阿基米德定律。

根据浮力定律可以得出：当物体漂浮（飘浮）或悬浮时，浮力等于物体的重力；但当物体下沉时，浮力小于重力。所以才出现树叶漂浮、石块下沉的结果。

物体所受到的浮力与流体的密度也有很大的关系。密度越大，物体所受的浮力也越大。一个人如果不会游泳，在一般的湖中可能会被淹死，但在死海中却不会。因为死海是一个内陆盐湖，湖水的含盐量极高，所以密度较大，人在死海中就会受到较大的浮力，极易浮起。

浴缸里的阿基米德

传说阿基米德通过洗澡时浴缸溢出的水获得灵感，进而发现了浮力定律：物体在液体中所获得的浮力大小等于它所排出的液体的重量。

死海

死海的水含盐量很高，密度比较大，人在死海中受到的浮力很大，可以随意漂浮在水面上而不会下沉。

■ 虎跑泉与水的表面张力

位于杭州西湖大慈山白鹤峰麓的虎跑泉素以天下第三泉著称。这里的泉水很有趣，当你向盛满泉水的碗中逐一投入硬币时，会看见碗中的泉水高出碗面达3毫米而不外溢，好像覆盖着一个无形的杯盖。清代丁立诚在《虎跑泉水试钱》中曾因此赞叹："虎跑泉勺一盏平，投以百钱凸水晶。绝无点点复滴滴，在山泉清凝玉液。"可这是为什么呢？

原来，这是因为虎跑泉泉水的总矿化度每升仅有0.02克至0.15克，泉水分子密度高，所以表面张力特别大。液体表面层分子的分布要比内部稀疏些，分子之间的吸引力和排斥力都会减弱，其中排斥力减弱更多，所以表面层分子之间具有明显的相互吸引力，即表面张力，它使液面形成一层弹性薄膜。

利用表面张力，一些昆虫如水黾可以在水面上爬行，非常扁的物体如剃须刀片、缝衣针或铝膜也可以浮在水面上。在表面张力高的情况下，水不易浸湿物体，而会从物体表面反弹。

【百科链接】

分子：

物质中能够独立存在并保持本物质一切化学性质的最小微粒，由原子组成。

声与波 ❦

■ 振动

机械钟表的原理

振动是一种很普遍的运动现象，长期以来人们利用它的等时性来制作机械钟表，如摆钟、摆轮钟等。机械钟表有多种结构形式，但其工作原理基本相同，都是由原动系、传动系、擒纵调速器、指针系和上条拨针系等部分组成。

其中，有关振动的擒纵调速器是由擒纵机构和振动系统两部分组成的。它依靠振动系统的周期性振动，使擒纵机构保持精确和规律性的间歇运动，从而取得调速作用。叉瓦式擒纵机构是应用最广的一种擒纵机构，它由擒纵轮、擒纵叉、双圆盘和限位钉等组成。它的作用是把原动系的能量传递给振动系统，以便维持振动系统做等幅振动，并把振动系统的振动次数传递给指示机构，达到计量时间的目的。

世界上第一架摆钟，是1650年德国物理学家惠更斯制作的。此后，时间的计量工具大致经历了机械摆钟、石英钟、原子钟三个阶段。

◎ 机械摆钟

机械摆钟是一种较古老的时钟，它利用振动原理，以摆锤控制其他机件，使钟走得快慢均匀，一般能报点。

◎ 鸣蝉

炎热的夏日午间，蝉在树上发出"知了、知了"的叫声。其实蝉并不会"叫"，而是靠摩擦身体的某一部位与空气产生共鸣来发声。

摆钟属于频率较低的机械振动的钟表，而石英钟是利用频率较高的石英振荡的钟表，原子钟的工作原理则是利用高频的电磁振荡。

■ 自鸣铜磬与共振现象

在我国唐代，洛阳的一座寺院里出了一件怪事：寺院的房间里有一口铜铸的磬，没人敲它，它却常常自己"嗡嗡"地响起来。一位僧人因此惊恐成疾。僧人的一位朋友闻讯特地去看望他，用铁锉在磬上锉磨了数下，磬就不再自动作响了。

原来，这口磬的固有频率和寺院的一口大钟发声时每秒钟的振动次数——频率正好相同。大钟作响时发出的振动会使周围的空气也随着振动，声波传至磬上，由于其固有频率跟声波频率相同，磬便一同振动作响。这就是共振现象，也叫共鸣。将磬锉磨后，改变了它的固有振动频率，它就不会产生共振了。

共振现象是宇宙间最普遍和最频繁的自然现象之一。我们喉咙间发出的每个颤动都是因为与空气产生了共振，才形成一个个音节，构成一句句语言。甚至可以说，是共振产生了宇宙和世间万物，没有共振就没有世界。

然而，共振也有很大的危害，台风、地震等自然现象因为共振给人类造成了巨大的灾难。因

❖
【百科链接】

频率：

物体每秒振动的次数，单位是赫[兹]（Hz）。

山谷
　　幽静的山谷被群山环绕，如果人站在里面大声喊叫，声音传出去后，高山又把它反射回来，就会形成独特的"空谷回音"。

此，如何有效利用共振、避免共振的危害是人类面临的重要课题。

■ 回声与波反射

　　当声波在传播过程中投射到距离声源一段距离的反射面（如建筑物的墙壁等）时，声能的一部分被吸收，另一部分则在界面发生反射。人们把能够与原声区分开的反射声波叫做回声。

　　人耳能辨别出回声的条件是反射声具有足够大的声强，并且与原声的时差大于0.1秒。当反射面的尺寸远大于入射声波长时，人耳所听到的回声最清楚。如果声速已知，只要测得声音从发出到反射回来的时间间隔，就能计算出反射面到声源之间的距离。

　　回声在地质勘探中有广泛的应用。例如石油勘探，常采用人工地震的方法，在地面上埋好炸药包，放上一列探头，当炸药引爆时，探头就可以通过接收到地下不同构造层间界面反射回来的不同声波，以此探测出地下油矿的位置。

　　回声也是建筑设计时需要考虑的重要因素。例如在设计音乐厅、剧院等场所时，为了让观众都能听到、听清舞台上的声音，一般要在室内设置反射面，让声波通过反射传到每位观众耳中。

【百科链接】

波：
　　振动在介质中的传播过程。波是振动形式的传播，介质质点本身并不随波前进。

■ 波的衍射

隔墙有耳

　　波在传播时，如果被一个大小近于或小于波长的物体阻挡，就会绕过这个物体，继续进行；如果通过一个大小近于或小于波长的孔，则会以孔为中心，形成环形波向前传播。这种现象叫衍射。

　　任何一种波（声波、光波等）都会产生衍射现象，这是波在传播过程中所独具的特征之一。声波的波长为1.7厘米至17米，日常生活中常见的墙高、窗户尺度均在此范围内，所以隔墙两侧的人和屋内外的人，能各自听到对方的声音，这是声波衍射传播的结果。而可见光的波长仅为0.39至0.77微米，生活中绝大多数物体尺度远远大于

古董收音机
　　收音机的工作原理是：把从天线接收到的高频信号经检波（解调）还原成音频信号，送到耳机变成声波。

微米，因此它的衍射极不易发生，也不易看到。人们看到的是光沿直线传播，很容易被不透明的物体遮挡，而它的衍射在实验室条件下才能看到。

波的衍射用途很广。无线电广播使用波长几百到几千米的波，能绕过高大建筑物、高山传到任何角落，使得无线电收音机不论放在哪里都能接收到电台的广播。而电视台使用的无线电波的波长只有1米左右，不能绕过大障碍物，所以收看无线电视节目时必须有灵敏的天线，乃至高大的室外天线。

■ 对人体有害的次声波

虽然人们看不见、听不见次声波，可它却无处不在。自然界有许多次声源，例如火山喷发、地震、雷电、风暴、海啸等，一切大物体的振动都能产生次声波。

常见次声波的频率在10至20赫兹之间。由于空气对声波的吸收程度与频率有关，频率愈低，吸收愈小，因此次声波在大气中传播时的衰减很小，某些次声波能绕地球2至3周。加之次声波的波长往往很

海豚

科学家发现，海豚能发出180千赫的超声波，并能通过反射的回波精确地辨别方位、测定水深、识别海底性质、沉没物体的大小和性质、测量离岸距离等，还能分辨出鱼、软体动物、甲壳类等各种食物。

长，大致从数十米至数千千米，因此能绕开某些大型障碍物发生衍射。

次声波具有很强的穿透能力，可以穿透建筑物、掩蔽所、坦克、船只等障碍物，如7赫兹的次声波可以穿透十几米厚的钢筋混凝土，地震或核爆炸所产生的次声波可摧毁岸上的房屋。

如果次声波和周围物体发生共振，会释放出巨大的能量。而人体器官的固有频率大多在次声频率范围内，如4至8赫兹的次声波就能在人的腹腔里产生共振，使心脏出现强烈共振和肺壁受损。因此，次声波对人体很有害，次声波致人伤亡的事件屡见不鲜。

不过，如果利用得当，次声波的应用前景将十分广阔。如可根据次声波预测自然灾害性事件，及时发出警报等。

■ 穿透力极强的超声波

超声波具有以下特点：

1.方向性好，近似作直线传播，在固体和液体中衰减较小，能量容易集中。

2.穿透能力强，能穿透许多电磁波不能穿透的物质。

3.在媒介中传播时能产生巨大的作用力，产生许多特殊的超声波效应，如机械效应、空化作用、热效应和化学效应等。

由于这些特点，超声波被广泛应用于工矿业、农业、医疗等各技术部门。其中，我们比较熟悉的是医院中常用的B型超声波（即B超），它把超声波射入人体，根据人体组织对超声波的传导和反射能力的变化来判断有无异常。如对人体脏器做病变检查、结石检查等，具有对人体无损伤、简便、迅速的优点。通常，用于医学诊断

《百科链接》

电磁波：

在空间传播的周期性变化的电磁场，包括无线电波和光波、X射线等，日常口语中有时特指无线电波。

的超声波频率为1至5兆赫。

此外，对超声波的产生、检测和传播规律的研究，以及对量子液体——液态氦中声现象的研究，构成了近代声学的新领域——量子声学。

■ 噪声与乐音

从社会和心理意义来说，凡是干扰人们休息、学习和工作的声音，即不需要的声音，都叫噪声。此外，振幅和频率杂乱、断续或统计上无规则的振动也称为噪声。

噪声有高强度和低强度之分。一般情况下，低强度的噪声对人的身心健康没有什么害处，在许多情况下还有利于提高工作效率。但高强度的噪声则会给人带来生理上和心理上的危害，构成噪声污染。如长时间的85分贝以上的噪声可以影响人的听力，120分贝的噪声可以使人耳聋。此外，噪声还可以提高人体内皮质醇的分泌，导致高血压、心脏病和胃溃疡等疾病的发生。

小提琴

小提琴是一种表现力非常丰富的乐器，既可以演奏抒情、甜美、委婉的旋律，又能演奏热情、激动、奔放的曲调。

噪声污染是当代重大环境问题之一，主要来源于交通运输、车辆鸣笛、工业生产、建筑施工、社会噪音，如音乐厅、高音喇叭、早市和人的大声说话，等。

乐音分两种：其一是振动发音有明显规律的，具有固定音高并能进行模仿的声音，如钢琴、小提琴等乐器发出的声音，它是音乐中所使用的最主要、最基本的元素，构成音乐的旋律、和声；其二是有一定频率，听起来和谐悦耳的声音，如鸟鸣、水声等。

■ 颅骨传声

如果我们听录下来的自己的声音，往往会感到很陌生。这是为什么呢？

这是因为声波的传输通道是不一样的：人耳听到的外界声音是外界空气的振动通过耳膜将声音信息传给听觉神经，再经过大脑加工后形成听觉的。而自己讲话的声音是由颅骨把声带的振动直接传给听觉神经，经大脑加工后形成听觉的。也就是说，前者通过空气传播，让别人听到声音；后者通过颅骨传播，让自己听到声音。

一般来说，通过空气传播的声音受环境影响，其能量会大量衰减，其音色也会发生变化，而且在声音到达其他人的内耳时，还要通过外耳、耳膜、中耳，这个过程也会对声音的能量和音色产生影响。通过头骨传播的声音则是经过喉管与耳朵之间的骨头直接到达内耳的，声音的能量和音色的衰减和变化相对很小。因此，它们引起的听觉不太一样。正如我们咀嚼饼干时，自己往往感到很大的噪声，但别人听来却很轻微，这就是颅骨传声和空气传声的不同。

钢琴

钢琴拥有88个琴键，是音域最宽的乐器，历来受到作曲家的钟爱。在流行、摇滚、爵士以及古典等几乎所有的音乐形式中，它都扮演了十分重要的角色。

冷与热

■ 冬暖夏凉的井水

人们之所以感觉井水冬暖夏凉，是相对于当时地面上的温度来说的。炎热的夏天，地球表面直接受到太阳的照射和气流的影响，温度升高很快。而地下的泥土只能通过上层泥土从大气中吸热，由于泥土传热很慢，因此地下深处的温度要比地面的温度低，所以井水的温度比地面上的温度低。假如把井水提到地面上，就觉得特别凉。

寒冷的冬天，地面上的温度降低很快，常降至零摄氏度以下。由于地下深处的泥土不能直接向空气中散热，因此地下温度变化不大，井水的温度就比地面上的温度高。这时把水提到地面上，就会觉得比较热。于是，人们就有了井水冬暖夏凉的感觉。

事实上，不光是井水会给人冬暖夏凉的感觉，山洞、地窖等也都如此。

地下酒窖

地下酒窖冬暖夏凉，四季恒温。把葡萄汁装在橡木桶里，放在酒窖中，葡萄汁会慢慢酝酿为口感柔和、回味绵长的美酒。

■ 温度计与温度

温度计是测温仪器的总称

1593年，意大利科学家伽利略（1564~1642）发明了世界上第一支温度计。伽利略温度计是一根一端敞口的玻璃管，它的另一端带有一个核桃大、加满水的玻璃泡。使用时，需首先加热玻璃泡，然后把玻璃管插入水中。随着温度的变化，玻璃管中的水面就会上下移动。根据移动的多少，可以判定温度的变化和温度的高低。这种温度计受外界大气压强等的影响较大，因而测量误差较大。

水银温度计

水银温度计是膨胀式温度计的一种，用来测量0至150摄氏度或500摄氏度以内的温度，不仅简单直观，而且误差较小。

1709年起，德国物理学家华兰海特先后用酒精、水银制成了更精确的温度计。后来，经一系列实验与核准，他把一定浓度的盐水凝固时的温度定为0华氏度，把纯水凝固时的温度定为32华氏度，把标准大气压下水沸腾的温度定为212华氏度，用℉代表华氏温度，这就是华氏温度计。

华氏温度计出现的同时，法国人列缪尔（1683~1757）经反复试验，把标准大气压下水的冰点和沸点之间分成80份，并将其定为温度分度，制成了列氏温度计。

1742年，瑞典天文学家摄尔修斯改进了华氏温度计刻度，将水的沸点定为0摄氏度，冰点定为100摄氏度。后来，他的同事施勒默尔又把两个温度点的数值倒了过来，就成为现在的百分温度，即摄氏温度，用摄氏度（℃）表示。

目前，华氏温度、列氏温度和摄氏温度在世界上都有应用，我国采用摄氏温度。

【百科链接】

冰点：
淡水凝固时的温度，也就是水和冰可以平衡共存的温度。

■ 热胀冷缩与冷胀热缩

无论是热胀冷缩，还是冷胀热缩，都与物质的密度有关。一定质量的物质的密度由物质内分子的平均间距决定。密度增大则体积收缩，密度减小则体积膨胀。

以水为例，水中既存在大量单个水分子，也存在由多个水分子组合而成的缔合水分子。常温下，约50%的单个水分子会组合为缔合水分子，使水的结构发生变化，因此水的密度与水中缔合水分子的数量、缔合的单个水分子个数有关。具体来说，水的密度是由水分子的缔合作用、水分子的热运动两个因素决定的。当温度升高时，水分子的热运动加快，缔合作用减弱；当温度降低时，水分子的热运动减慢，缔合作用加强。综合考虑两个因素的影响，便可得知水的密度变化规律。

在水温由0摄氏度升至4摄氏度的过程中，缔合水分子的组合所引起的水密度增大的作用，比由分子热运动速度加快引起水密度减小的作用更大，因此出现冷胀热缩现象。4摄氏度时，水中双分子缔合水分子的比例最大，水分子的间距最小，水的密度最大，水的体积最小。当水温超过4摄氏度时，水的密度随温度升高而减小，即呈现热胀冷缩现象。

■ 对流、传导与辐射

在自然界，热量会不断地由温度高的地方向温度低的地方传播，直到双方热量达到平衡为止。热的传播方式共有三种：对流、传导和辐射。

对流指气体或液体通过自身各部分的宏观流动实现热量传递的过程，是流体的主要传热方式。比如在烧水时，作为热源的炉火接近壶底，壶底的水温度升高后会向上流动，把热传给其上面的水。

传导是热能在固体中以受热粒子振动的形式进行传播的一种方式。影响热传导的主要因素是温差、热导率和导热物体的厚度与截面积。热导率愈大，厚度愈小，传导的热量愈多。

辐射是指以电磁波形式传递热量的现象。它不需要空气、水或其他物质的帮助就能传播热能，只要物体热量高于周围，它的表面就会不断辐射出热能。实际上，自然

暖气片

寒冷的冬天，有暖气的房间会温暖如春。一般暖气片都安装在接近地面的地方，这样能使室内的全部空气发生对流，有利于保持室温均衡。

铁轨接头

铺设铁路时，两根铁轨接头的地方要留下微小的空隙，否则到了夏天，在太阳的暴晒下，铁轨会因受热发生膨胀而弯曲变形。

【百科链接】

体积：
物体所占空间的大小。

界中的一切物体，只要温度在绝对零度以上，都在时刻不停地向外传送热量。

无法制成的永动机

历史上，有不少人热衷于研制各种类型的永动机，但都以失败告终。其中，最著名的第一类永动机当属13世纪法国人亨内考的魔轮。亨内考认为，通过安放在转轮上一系列可动的悬臂，魔轮能够实现永动。

1842年，荷兰科学家迈尔提出能量守恒和转化定律；1843年，英国科学家焦耳提出热力学第一定律。他们从理论上证明：能量守衡是物质运动的普遍规律之一，能量既不能被创造，也不能被消灭。因此，第一类永动机不可能实现。

1881年，美国人约翰·嘎姆吉设计出史上首个第二类永动机装置——零永动机。该永动机利用海水的热量将液氨汽化，推动机械运转。但因种种原因，永动机并未持续运转。

设想中的永动机模型
几百年来人们对于永动机的种种设计方案虽然都失败了，但正是这些失败引起了人们的反思，启发了能量转化和守恒的思想，成为能量转化和守恒原理建立的思考线索之一。

后来，德国人克劳修斯和英国人开尔文提出热力学第二定律：从单一热源吸取热量使之完全变为对外有用的功而不产生其他影响是不可能的，从而结束了第二类永动机的神话。

由此看来，违背自然科学规律的永动机是永远也无法制成的。

【百科链接】

热量：
温度高的物体把能量传递到温度低的物体上，所传递的能量叫做热量。热量的单位是焦耳（简称焦），通常也用卡表示。

绝对零度

无法达到的低温

1848年，英国科学家威廉·汤姆森·开尔文男爵（1824~1907）建立了一种新的温度标度，称为热力学温标或绝对温标，量度单位为开尔文（K）。该温标的分度距离同摄氏温标的分度距离相同，其零度即可能的最低温度，相当于零下273摄氏度（精确数为零下273.15摄氏度），称为绝对零度。

物体的温度取决于物体内原子和分子的热运动。物体温度较高时，意味着其内部原子和分子的平均热运动较慢，平均动能较大；物体温度较低时，情况刚好相反。从理论上讲，物体达到绝对零度时，构成物质的所有分子和原子均停止运动，物体的动能为零，体积也为零。事实上，在绝对零度下，物质呈现的状态既非液态，也非固态，更非气态，而是聚集成唯一的"超原子"，表现为一个单一的实体。

19世纪以来，人们通过实验，不断逼近绝对零度。1877年获得零下182.97摄氏度的低温，1898年获得零下252.90摄氏度的低温，现在又推至零下273.1499999摄氏度。但绝对零度永远无法达到，只能无限逼近。

开尔文
开尔文是19世纪英国卓越的物理学家，热力学的主要奠基人之一。他根据盖·吕萨克、卡诺和克拉珀龙的理论，于1848年创立了热力学温标。

电与磁

■ 摩擦起电

物体经摩擦后能吸引轻小物体的现象叫做摩擦起电。

18世纪，美国科学家本杰明·富兰克林在研究闪电的过程中，发现闪电与摩擦起电很相似，便将第一次与闪电接触可以得到更多电的物体所带的电称为正电，将得到少量电的物体所带的电称为负电。后来，科学上规定：与用丝绸摩擦过的玻璃棒所带的电相同的，叫做正电荷；与用毛皮摩擦过的橡胶棒带的电相同的，叫做负电荷。

摩擦之所以起电，是核外电子由一个物体转移到另一物体的结果。两种不同的物体相互摩擦可以起电，甚至干燥的空气与衣物摩擦也易起电。我们知道，任何物体都是由原子构成的，而原子由带正电的原子核和带负电的电子所组成，电子绕着原子核运动。通常情况下，原子核带的正电荷数跟核外电子带的负电荷数相等，原子不显电性，所以整个物体是中性的。但是，当核外电子摆脱原子核的束缚，转移到另一物体上，使

核外电子带的负电荷数目发生改变时，整个物体就会带电。失去电子的物体带正电，反之带负电，两者所带的电量数值必然相等。

■ 电流的产生

物理学上将电荷的定向移动称为电流。电流可以是正电荷、负电荷或正、负电荷同时做的定向流动。依照惯例，人们假定电流是沿着正电荷的运动方向流动。

电流的大小称电流强度 (I)，指单位时间内通过导线某一截面的电荷量，每秒通过1库仑的电量称为1安培 (A)。安培是国际单位制中所有电性的基本单位。

要获得持续电流，需要有持续供电的装置，即电源。1800年，意大利物理学家A.伏特用铜片、锌片及浸透盐水的布叠置而组成伏打电池，第一次获得了稳定而持续的电流。

目前常见的电源有干电池、发电机、蓄电池等。电源本身并不制造电，只是起到搬运电荷的作用。要产生电流，电源内不仅要有能自由移动的电荷，两端还要有电压，以使电源中的物质发生反应，将其他形式的能转化为电能。如干电池之所以能点亮灯泡，在于电池中的物质发生了化学变化，使其中电荷发生了定向移动，从而将化学能转化为电能。

锂电池

锂电池是一类由锂金属或锂合金为负极材料、使用非水电解质溶液的电池。锂电池一般有高于3.0伏的标称电压，更适合做集成电路电源，广泛应用于计算机、计算器、照相机、手表及手机中。

起静电的头发

人体活动时，皮肤与衣服之间、衣服与衣服之间，甚至干燥的空气和衣服、头发之间互相摩擦，就会产生静电。

【百科链接】

电荷：
物体或构成物体的质点所带的正电或负电。异种电荷相互吸引，同种电荷相互排斥。电荷单位是库仑 (C)。

■ 导体与绝缘体

物体允许电流通过的能力叫做物体的导电性能。依据导电性能，物体分为超导体、导体、半导体及绝缘体。其中，导体指易于传导电流或导电性能良好的物体，如铜、铝、铁及某些合金等；绝缘体通常指导电性和导热性差的材料，如金刚石、人工晶体、琥珀、陶瓷等。

导体中存在大量可以自由移动的带电粒子（电子或离子），这些粒子被称为载流子。在外电场作用下，载流子会定向运动，形成明显的电流。金属是最常见的一类导体，其原子最外层的价电子很容易挣脱原子核的束缚，成为自由漂移的电子，从而导电。电解质的水溶液及熔融的电解质和电离的气体也能导电。

绝缘体中一般只有微量自由电子，其他大部分都被束缚在原子或分子范围内，不能自由移动，因而导电性能弱。但世上并没有绝对绝缘的绝缘体——在某些外界条件下，如加热、高压电等，绝缘体中的电子也可以脱离原子或分子，使绝缘体

欧姆

乔治·西蒙·欧姆（1787~1854），德国物理学家。他最主要的贡献是通过实验发现了电流的大小与电阻、电压有关：电流＝电压/电阻，这一发现后来被称为欧姆定律。

变成导体。例如，蒸馏水是绝缘体，但若在水中加入杂质，使它成为普通的水后，它就能变成导体；干布不导电，但湿布却可以导电等。

■ 安全电压

人体是导体，当通过人体的电流超过一定强度时，就会发生触电事故。电流强度越大，致命危险越大；持续时间越长，死亡的可能性越大。

研究发现，电流的大小与电阻、电压有关：电流＝电压/电阻。由于人体电阻一定，因此通过人体的电流又与电压直接有关。

当作用于人体的电压低于一定数值时，在短时间内不会对人体造成严重的伤害事故，我们称这种电压为安全电压。

一般情况下，安全电压的数值是36伏。这是因为，人的干燥皮肤的电阻一般在1万欧以上，在36伏电压的作用下，通过人体的电流就在5毫安以下，这时只会使人体产生"麻电"的感觉，没有危险性，对人体是相对安全的。

在潮湿的环境里，安全电压值应低于36伏。因为在这种环境下，人体皮肤的电阻变小，这时加在人体两部位之间的电压即使是36伏也是危险的，应采用更低的24伏或12伏电压才安全。

装有避雷针的建筑物

现代避雷针是由美国科学家富兰克林于1752年发明的。避雷针充分利用了金属的导电性，把云层上的电荷导入大地，使其不对高层建筑构成危险，保证了建筑物的安全。

【百科链接】

电阻：

导体对电流通过的阻碍作用。导体的电阻随导体长度、截面大小、温度和导体成分的不同而改变。电阻的单位是欧姆（Ω）。

■ 电器的并联与串联

并联与串联是电器连接的两种基本方式。

将几个电器或元件一个个并排连接，形成几个平行分支电路的连接方式，叫并联。并联电路的特点是：当电路中的一个电器组件损坏或断路时，它不会影响其他电器组件的正常工作。如客厅的电灯坏了，电视机也可照样使用，互不影响。

反之，将几个电器或元器件一个接一个相继连接起来，使电路中的电流顺次通过的连接方法，叫串联。串联电路的特点是：一旦其中的一个电器或元器件损坏，整个电路就完全断开了。如电器和开关串联，才能及时控制启动和停止等。

电闸
　电闸是一种与保险丝类似的电流保护装置，当电流超过额定值时，电闸的开关将自动跳脱。由于电闸是与电路串联的，所以，当电闸跳脱后，电路也随之断开。

■ 看不见的磁场

用磁铁靠近铁钉，会发现铁钉被磁铁吸引；将塑料盖放在磁铁上，再在上面撒上铁屑，会发现铁屑绕着磁铁围成一个有规律的形

磁铁
　磁铁也叫磁石、吸铁石，是用钢或合金钢经过磁化制成的磁体，也有的用磁铁矿加工制成。多为条形或马蹄形，一端是南极，另一端是北极。

状……这些现象说明，在磁体周围，存在着一个人眼看不见的磁场。

磁场是传递物体间磁力作用的场。磁场广泛存在于地球、恒星（如太阳）、星系（如银河系）以及星际空间之中，人体的一些组织和器官也会由于生命活动而产生强度不同的微弱磁场。

磁现象是最早被人类认识的物理现象之一。我国古代四大发明之一的指南针之所以能够指示方向，就是地球磁场的作用。

指南针
　指南针是一种用磁铁制成的可以判别方位的简单仪器。在地球磁场作用下，磁针的北极始终指向地球的南极。

■ 发现电磁关系

第一个发现电磁之间有联系的是丹麦著名物理学家奥斯特。1820年，奥斯特偶然间将一条非常细的铂导线放在一根用玻璃罩罩着的小磁针上方，接通电源的瞬间，发现磁针跳动了一下。之后，经过实验，他证实：通电导线周围存在磁场，电流能够产生磁场。这种电流的磁效应揭示了电、磁间的联系。

受此启发，1821年，英国科学家法拉第提出"磁生电"的设想，并于同年发现通电的导线能绕磁铁旋转以及磁体绕载流导体的运动，第一次实现了电磁运动向机械运动的转换，建立了电动机的实验室模型。10年后，在大量试验的基础上，法拉第发现了

【百科链接】

电磁：
　物质所表现的电性和磁性的合称，如电磁感应、电磁波。

电磁感应定律。由此，他发明了发电机，人类从此进入了电气化时代。

电磁场是传递电磁作用的场，广泛存在于宇宙空间。

■ 电磁波

空中的信使

电磁波是电磁场的一种运动形态。在高频电磁振荡的情况下，部分能量以辐射方式从空间传播出去所形成的电波与磁波的总称叫做电磁波，也称电波。

赫兹

1888年，德国物理学家赫兹用实验证明了电磁波的存在。他的发现具有划时代的意义，由此开创了无线电电子技术的新纪元。

1864年，英国科学家麦克斯韦在总结前人研究电磁现象的基础上，建立了完整的电磁波理论。他认为，只要存在一个交变的电场，它的周围就会产生一个新的交变磁场，接着又会在远处激发出一个交变的电场。这种交替变化的电场和磁场称为电磁场。交变的电磁场会在空间以电磁波的形式由近及远地传播开去。

1888年，德国物理学家赫兹用实验证实了电磁波的存在。之后，无线电技术诞生，各国学者纷纷开始研究如何利用电磁波作为无线传输信息的工具。

无线通信是利用电磁波信号可以在空间自由传播的特性进行信息交换的一种通信方式。1897年，意大利的伽利尔摩·马可尼成功地完成了在一个固定点与一艘拖船之间的无线通信实验。之后，无线电报、无线广播、无线电话等相继出现并投入使用，人类从此进入无线通信时代。

■ 生物电

会发电的生物

自然界中有一些具有发电器官的鱼类，其中放电能力最强的是一种南美洲电鳗，它能产生高达880伏的电压。这种产生于活生物体内的电势及电流，称为生物电。

研究发现，生物电的产生与组成生物体的细胞密不可分。一个活细胞，不论是处在兴奋状态，还是处在安静状态，由于细胞膜内外离子浓度的差异，它们都会不断地发生电荷的变化，科学家们将这种现象称为生物电现象。细胞处于未受刺激时所具有的电势称为静息电势，细胞受到刺激时所产生的电势称为动作电势。而电势的形成则是由于细胞膜外侧带正电，内侧带负电。

1922年，H.S.加瑟和J.埃夫兰格首先用阴极射线示波器研究神经动作电势，奠定了现代电生理学的技术基础。

现在，人们已开始应用生物电。例如，在医学上，利用器官生物电的综合测定判断功能，可以为某些疾病的诊断和治疗提供科学依据。

电鳐

电鳐是海中常见的软骨鱼类，它的发电器官在身体中线两旁，包括由肌肉纤维演变成的200万块电板。虽然单个电板的电压不高，但是它们串联起来就会产生最高可达200伏特的电压。19世纪，意大利物理学家伏打以电鳐的发电器官为模型，设计出最早的伏打电池。

【百科链接】

电势：

单位正电荷从某一点移到无穷远时，电场所做的功就是电场中该点的电势。正电荷越多，电势也越高。

光与色

七彩的阳光

太阳是大地的母亲，是地球的光源。正是有了太阳光的照耀，大地才生机勃勃。

17世纪以前，以亚里士多德为首的学者认为，太阳光是一种纯粹的没有其他颜色的白光。然而，1666年，英国科学家牛顿通过三棱镜首次分离太阳光束的实验证明，太阳光是由折射率不同的有色光组成的。在此基础上，他提出的光色谱律为现代光谱学奠定了坚实的基础。

五颜六色的物体

为什么物体会呈现出各种颜色呢？

不透明物体的颜色既由它反射的光的颜色决定，也由照射它的光的颜色决定。假如物体能反射阳光中所有的七种色光，那么它就是白色的，反之呈现黑色。西红柿之所以是红色的，是因为它只反射红色光，其他波长的光线都被吸收了。

对于透明物体，

牛顿望远镜

1668年，英国科学家牛顿创制出第一架"反射式面镜望远镜"。牛顿通过这架望远镜，清楚地观察到木星的8个较大卫星。

它的颜色由透过它的光的颜色决定。比如，绿色玻璃呈现绿色，是它只允许绿色光透过的结果。

发光物体的颜色则是由它所发出的光的颜色来决定的。

光的反射

视觉产生的条件之一

光在同一均匀介质中是沿直线传播的，但当光射到两种不同的介质的界面时，便会出现部分光自界面反射回原介质中的现象，称为光的反射。由于光的反射，我们才能看到周围的世界。

具体来说，射到两种介质界面的光线叫做入射光线，返回原来介质的光线叫反射光线。入射光线与两介质分界面相交的点叫入射点，通过入射点垂直于两媒质界面所做的直线叫法线。入射光线与法线的夹角叫入射角，反射光线与法线的夹角叫反射角。

光在反射时，入射角等于反射角；入射光线、反射光线和法线在同一平面上，且入射光线、反射光线在法线的两侧。这就是反射定律。

由于表面光滑平整的程度不同，物体反射光束的情况也有所差异。表面平滑的物体易形成光的镜面反射，反射光线均射向同一方向，出现

雨后彩虹

彩虹是气象中的一种光学现象。雨过天晴，太阳光照射到空气中存留的细小水珠时，白色的光线就会被折射及反射，出现色散，在天空中形成拱形的七彩光谱，其色彩从外至内分别为：红、橙、黄、绿、蓝、靛、紫。

【百科链接】

光谱：

复色光通过棱镜或光栅后，分解成的单色光按波长大小排成的光带。日光的光谱是红、橙、黄、绿、蓝、靛、紫七色。

清晰的影像。但若形成刺目的强光，反而看不清楚物体，如水面。表面高低不平的物体则会发生光的漫反射，各条光线的反射方向混乱，出现较模糊的影像。

■ 光的折射

闪烁的星光

和太阳一样，天空中的星星也是发光天体。在夏天的夜晚，我们会看到它们不停地闪烁。这种现象是由光的折射造成的。

光在不同介质中传播速率不同。因而，光从一种介质进入另一种介质时，或在同种不均匀的介质中传播时，传播方向会发生偏折。这种现象叫光的折射。例如，光在空气和水中传播的速率不同，放在盛水的碗中的筷子看起来好像断了，就是缘于光的折射。

光的折射还发生在运动的物体中。由于重力的影响，包围地球的大气的密度随高度而变化，但这种变化并不是均匀的。而且，由于气候的变化，大气层各处的密度也时刻不停地变化着。大气的这种物理变化叫大气的抖动，它能引起空气折射率的不断变化。星光通过大气层时，随着大气的抖动，星光传播的路径一次次改变，所以我们看到星星一闪一闪的。一般来说，星星每次闪烁的时间间隔是1至4秒。

"折断"的吸管

插入水中的吸管似乎被水折断了，其实这是由于光发生了折射。当光发生了偏折的时候，我们视觉上就会以为是吸管发生了弯曲，而实际上它没有发生形变。

■ 光的散射

蔚蓝的天空

光线通过不均匀如有尘埃的空气等介质时，部分光线改变方向向四周射去的现象，叫

日晕

围绕太阳的彩色光环称为日晕，是日光通过云层中的冰晶时，经折射而形成的光学现象。日晕的出现，往往预示天气要有变化。

做光的散射。正是由于光的散射，我们才能看到蔚蓝的天空。

地球周围由空气形成的大气层是一种密度不均匀的介质。当光在大气层中传播时，一部分光线受到尘埃等物质的阻碍，不能直线前进，就会向四面八方散射开来。科学研究表明，大气对不同色光的散射作用是不均等的，波长较短的蓝光被散射得最厉害。由于天空中布满被散射的蓝光，因此地面上的人看到的天空就呈现出蔚蓝色。空气越纯净、干燥，蔚蓝色越深。如果在2万米的高空，空气稀薄，光的散射作用就会完全消失，天空也会变得暗淡起来。如果没有大气层的存在，光的散射作用就不存在，当太阳光直射我们的眼睛时，我们看到的天空就将是黑色的，就像航天员从太空中看到的天空一样。

天空的颜色也与大气层的厚度及成分相关。例如，由于火星上经常出现的尘暴中充满了富含铁的沙尘，所以从火星上看到的天空是红色的。因此，当地球大气层受污染时，天空的颜色也有所变化，人们可以根据这一信息监控环境污染。

【百科链接】

波长：

沿着波的传播方向，相邻的两个波峰或两个波谷之间的距离，即波在一个振动周期内传播的距离。

◀ 光的干涉：彩色肥皂泡
◀ 神奇的望远镜

单色光：单一频率（或波长）的光。单色光不产生色散。七色光中的每种色光都不是单色光，因为它们的频率（或波长）范围都超过单色光的频率范围。

数理化篇

■ 光的干涉

彩色肥皂泡

在太阳光照耀下，透明的肥皂泡薄膜会出现色彩缤纷的景象，这是为什么呢？原来，这种现象与光的干涉原理有关。

同水波一样，光波也有波峰和波谷。当波峰和波峰相遇的时候，波峰就会加强，波谷和波谷相遇的时候波谷就会加强，加强的地方就显得明亮，反之，当波峰和波谷相遇的时候，光波就会互相消减。

五光十色的肥皂泡

曾有物理学家说："试着吹出一个小小的肥皂泡来，仔细去看它，你简直可以终身研究它，不断地从这儿学到物理学上的知识。"

我们知道，照在肥皂泡薄膜上的太阳光是由各种不同波长的单色光波组成的。当光线照在薄膜上时，一部分会被薄膜表面反射，另一部分进入薄膜内部，被薄膜下面的水表面反射。而竖立着的肥皂泡上的肥皂水会慢慢地向下流动，形成上薄下厚的一层薄膜。随着薄膜厚度的改变，不同波长的单色光或相互抵消，或叠加增强，呈现出瑰丽的色彩。这种现象叫做光的干涉现象，形成的颜色叫做干涉色。

在肥皂泡薄膜上，哪些波长的光波会加强，哪些波长的光波会相互削弱，和薄膜的厚度有密切的关系。

■ 神奇的望远镜

人类历史上的第一架望远镜是由荷兰一家眼镜店的主人利伯希制造的。1608年，他为自己制作

开普勒

约翰尼斯·开普勒，德国天文学家，行星运动定律（也称开普勒三定律）的发明者。行星运动定律是指行星在宇宙空间绕太阳公转所遵循的定律。

的望远镜申请了专利，并制造了一个双筒望远镜。

伽利略发明的望远镜

1609年，伽利略利用透镜聚光原理，在狭长的管内安装了两个透镜，制造出一台望远镜，并将其首先应用于天空观测。

受此启发，意大利科学家伽利略不久后自制了数个放大倍数逐渐加大的望远镜。1609年10月，他运用凸透物镜和凹透目镜，制成了可放大30倍的望远镜，第一次发现了月球的表面是高低不平的，而且覆盖着山脉并有火山口的裂痕。此后，他又发现了木星的4个卫星、太阳的黑子运动，并得出了太阳在转动的结论。这是望远镜为科学作出的最初贡献。

1611年，德国天文学家开普勒出版《天文光学》，阐述了望远镜原理，还把伽利略望远镜的凹透目镜改成凸透目镜，被后来的天文学家广泛采用。

伽利略式望远镜和开普勒式望远镜都使用透镜作为物镜，被称为折射望远镜。1688年，英国科学家牛顿发明反射式望远镜。1930年，德国人施密特将折射望远镜和反射望远镜结合起来，制成了第一台折反射望远镜。如今，折反射望远镜成为天文观测的重要工具，得到人们的广泛喜爱。

【百科链接】

透镜：
用透明物质（如玻璃等）制成的镜片。根据镜面中央和边缘的厚薄不同，一般分为凸透镜和凹透镜。

哈勃望远镜

哈勃望远镜以时速2.8万千米的速度沿寂静的太空轨道运行，默默地窥探着太空的秘密。它的观测能力可以用从华盛顿看到1.6万千米外悉尼的一只萤火虫来比拟。

■ 哈勃望远镜

哈勃望远镜是人类设计制造的第一座太空望远镜，它由美国国家航空航天局和欧洲航天局合作，于1990年发射入地球大气层外缘离地面约600千米的轨道。望远镜总长度达13米，重11吨多，大约每100分钟环绕地球一周。

了不起的哈勃望远镜

在太空望远镜发明以前，人们观测太空受到很大限制，因为地球大气层对电磁波的传输有较大的影响，而哈勃望远镜的出现使天文学家成功地实现了对宇宙天体电磁波段的观测，并获得突破性进展。

哈勃望远镜是有史以来最大、最精确的天文望远镜。它上面安装的广角行星照相机可拍摄上百个恒星的照片，清晰度是地面天文望远镜的10倍以上，1.6万千米以外的一只萤火虫都难

哈勃望远镜拍摄到的V838

2002年1月，麒麟座内有一颗原本相当暗淡的恒星一下子变得异常明亮，它的名字叫V838。在短短的四十多天里，V838的亮度增长了60万倍，一举变成了最亮的巨星。哈勃望远镜捕捉到了这一惊人的变化。

逃它的"法眼"。它创造了一个个太空观测奇迹，包括发现黑洞存在的证据，探测到恒星和星系的早期形成过程，观测到迄今为止人类已发现的最遥远、距离地球130亿光年的古老星系等。

太空史上最昂贵的维修

哈勃望远镜发射数星期之后，传回的图片显示，它在光学系统上存在严重问题，获得的最佳图像质量远低于当初的期望。这是因为太阳能电池帆板经不起热胀冷缩，出现了颤抖，而且主计算机也有部分功能失常。

1993年12月2日，美国"奋进"号航天飞机发射成功。12月4日，航天飞机用遥控机械臂将哈勃望远镜抓住并放在货舱里，从此拉开了修复工作的序幕。

从12月5日到12月9日，宇航员们先后为哈勃望远镜更换了3台陀螺速率传感器，并装上了新的安培保险丝；为它换上了美国制造的新太阳能电池帆板，治愈了它的"颤抖病"；还将272千克的相机沿镜内导轨推出，换上了美国研制的新型相机；哈勃望远镜的主镜还装上了新光学系统和计算机。这样一来，哈勃望远镜又可以正常工作了。

12月13日，"奋进"号航天飞机安全着陆，举世瞩目的空间维修计划全部完成。整个维修过程花费不菲，堪称太空史上最昂贵的维修工程。

【百科链接】

黑洞：

科学上预言的一种天体，它只允许外部物质和辐射进入，而不允许内部物质和辐射脱离其边界。

■ 显微镜

洞见微观世界

1590年，荷兰的杨森父子首创了最早的显微镜。

1665年，英国学者罗伯特·胡克设计制造了首架光学显微镜。胡克用这台显微镜首次观察并描述了植物细胞。

此后，荷兰学者列文·虎克又用自己设计的更为先进的显微镜观察了动物细胞，并首次描述了细胞核的形态。

光学显微镜
　　光学显微镜是利用光学原理，把人眼不能分辨的微小物体放大成像，以供人们提取微细结构信息的光学仪器。

1931年，德国科学家M.诺尔和E.鲁斯卡用冷阴极放电电子源和3个电子透镜改装了一台高压示波器，并获得了放大十几倍的图像。这台透射电镜的发明证实了电子显微镜放大成像的可能性，电子显微镜开始出现。

1932年，经过鲁斯卡的改进，电子显微镜的分辨能力达到了50纳米，约为当时光学显微镜分辨本领的10倍，突破了光学显微镜分辨的极限。电子显微镜开始受到人们的重视。

如今，显微镜的种类越来越多，其分辨率和放大倍数也日益提高，成为生物学研究的重要仪器之一。

■ 红外线与紫外线

太阳光除了可见光之外，还有大量的不可见光，比如红外线与紫外线，都不能为肉眼所觉察，但能用仪器记录。

红外线

红外线又称为红外热辐射或热射线，由德国科学家霍胥尔于1800年发现。当时，霍胥尔将太阳光用三棱镜分解开，在各种不同颜色的色带位置上放置了温度计，试图测量各种颜色的光的加热效应。结果发现，位于红色光外侧的那支温度计升温最快。因此，霍胥尔得到结论：太阳光谱中，红光的外侧必定存在肉眼看不见的光线，这就是红外线。

实际上，不止太阳，所有温度高于绝对零度（零下273.15摄氏度）的物质，都可以产生红外线。工业上常用红外线作为烘烤的热源，也用于通信、探测、医疗等领域。

紫外线

太阳光谱中，在紫色光外侧的不可见光就是紫外线，它是电磁波谱中波长为0.01至0.40微米波的总称，能量约占阳光辐射能的83%。强紫外线对眼睛和皮肤有一定的伤害，不过大气层外的臭氧层对紫外线有强烈的吸收作用，可保护地球上的生物免遭紫外线的伤害。

紫外线能透过空气，但不易透过玻璃，因为玻璃对紫外线有较强的吸收作用。紫外线具有荧光效应，能使荧光物质发光。常见的荧光灯就是利用荧光粉，将放电管产生的紫外线转换成可见光用来照明的。

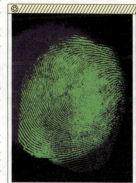

紫外线下的指纹
　　普通光源下人眼看不到的一些痕迹，如指纹、脚印等，在一定波长紫外线的照射下，都无处遁形，这给警方侦破案件提供了极大的帮助。

【百科链接】

可见光
　　肉眼可以看见的光，即从红到紫的光波，波长范围在0.39至0.77微米之间。

瓦斯：英文为"Gas"，主要成分是烷烃，其中甲烷占绝大多数。瓦斯遇明火可燃烧，甚至发生爆炸。矿井下的瓦斯爆炸直接威胁着矿工的生命安全。

▶ 萤火虫与冷光
▶ 激光：希望之光

■ 萤火虫与冷光

萤火虫停在我们手上时，我们不会被它发出的光烫到，因此有人称萤火虫的光为冷光。

所谓冷光，即只发光而不产生热的光，与太阳光之类的热光源发出的光相对。萤火虫之所以发光，是它体内所含的荧光素、荧光酶和氧气相互作用的结果。荧光酶是一种蛋白质，是发光的催化剂，在它的作用下，荧光素会和氧气发生化学反应，形成氧化荧光素，每氧化一个荧光素分子就发射出一个光子。

除萤火虫外，人体体表及一些部位也会发光。例如，实验表明，正常状态下健康人左右体表的发光强度是对称的，而病人则不然。因而在临床上可以用冷光来诊断某些疾病。

在科学领域，冷光的作用同样不可替代。在矿井中，使用冷光作照明灯，可以避免引爆瓦斯；水下扫雷采用冷光照明，可以避免电灯产生的电磁干扰；在军事上，把冷光物质涂于手掌，可以在黑暗中查地图看文件而不被敌方发现。

萤火虫

全世界有两千多种萤火虫。目前已知的种类中，幼虫都会发光，发光器位于第八腹节的两侧。成虫是否发光，则要视种类而定。如弩萤属的萤火虫，虽然幼虫会发光，但是雌雄成虫都不会发光。

激光发生器

激光发生器是20世纪以来，继原子能、计算机、半导体之后，人类的又一重大发明。它具有方向性好、亮度高、单色性好等特点，因而被广泛应用。

■ 激光

希望之光

1917年，著名物理学家爱因斯坦发现了激光的原理。他认为，某些物质原子中的粒子受光或电的激发，由低能级的原子跃迁为高能级原子，当高能级原子的数目大于低能级原子的数目，并由高能级跃迁回低能级时，就会放射出相位、频率、方向等完全相同的光，这种光叫做激光。

但直至1960年，激光才被首次成功获得。5月15日，年轻的美国物理学家梅曼利用一个高强闪光灯管，刺激红宝石里的铬原子，产生了一条相当集中的纤细红色光柱，当它射向某一点时，可使其达到比太阳表面还高的温度。他将其命名为激光。

据悉，梅曼获得的激光波长为0.6943微米。这是人类有史以来获得的第一束激光，梅曼也因而成为世界上第一个将激光引入实用领域的科学家。

不久，梅曼制成第一台红宝石激光器，它标志着激光技术的诞生。激光及激光器的问世被认为是20世纪最重大的科学发现之一。

激光的发展不仅使古老的光学科学和光学技术获得了新生，而且导致了多种新兴产业的出现，因此激光又被称为"希望之光"。

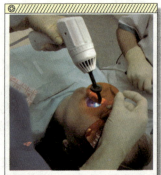

激光治疗

1963年，有人用激光有效地治疗了皮肤病，从而揭开了激光医疗的序幕。此后，激光在医学领域的应用越来越广，激光治疗也逐渐发展成为一门运用激光新技术研究、诊断和治疗疾病的新兴的边缘医学科学。

【百科链接】

相位：

描述信号波形变化的度量，通常以度（角度）作为单位，也称为相角。

量子物理

原子的世界

原子一词来自希腊文，意思是不可见、不可分割的。公元前4世纪，古希腊物理学家德谟克利特提出这一概念，并把它当作物质的最小单元。但以亚里士多德为首的一批学者却反对这种物质的原子观，认为物质是连续的。随着科学的进步和实验技术的发展，物质的原子观在16世纪之后又被人们所接受。1803年，英国化学家约翰·道尔顿发表原子说，提出所有物质都是由原子构成的。1909年，英国物理学家欧内斯特·卢瑟福通过金箔实验，验证了原子的存在。如今，科学家已能够利用场发射显微镜直接观察到原子图像，这是证明原子存在的最有力证据。

研究发现，原子由带正电的原子核和带负电的核外电子组成。原子核位于原子的中央，非常小，它的体积约为整个原子体积的几千亿分之一，但原子质量的99.95%以上都集中在原子核内。

带正电的质子和中子紧密堆在一起，构成密度很大的原子核。质子和中子的质量总和叫做质量数。原子核中的质子数就是原子序数或核电荷数，而原子序数决定了该原子是某族或某类元素。

质量很小的电子在原子核外的空间绕核做有规律的高速运动，原子核和核外电子相互吸引，组成中性的原子。

伦琴

威廉·康拉德·伦琴，1845年3月27日生于德国莱纳普。1895年，他在实验中发现了X射线。1901年诺贝尔奖第一次颁发，伦琴就由于这一发现而获得了诺贝尔物理学奖。

X射线的发现

X射线是一种波长范围在0.001至10纳米之间的短波电磁辐射。因为它是由德国科学家威廉·康拉德·伦琴发现的，故又称伦琴射线。

1895年11月8日，伦琴开始进行阴极射线的研究。在一次实验中，他偶然发现，有一束未知的射线对物质有较强的穿透能力，能够轻而易举穿透15毫米厚的铝板，或使人体内的骨骼在磷光屏幕或者照相底片上投下阴影。不久，他完成并发表了有关该射线的初步实验报告《一种新的射线》。为表明这是一种新的射线，伦琴采用表示未知数的X来命名它。后来，很多科学家主张将X射线命名为伦琴射线，不过伦琴自己坚决反对，但这一名称仍然有人使用。1901年，伦琴因此获得诺贝尔物理学奖。

如今，使用放射线照相术和其他技术产生诊断图像的放射医学已成为医学的一个专门领域。

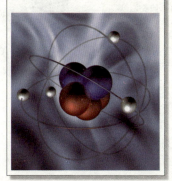

原子结构模型

原子是构成自然界各种元素的基本单位，由原子核和核外轨道电子（又称束缚电子或绕行电子）组成。

【百科链接】

射线：

波长较短的电磁波，包括红外线、可见光、紫外线、X射线等。速度高、能量大的粒子流也叫射线，如阴极射线等。

■ 卢瑟福与粒子加速器

1900年，欧内斯特·卢瑟福发现钍及其化合物衰变成一种气体，接着再衰变为一种未知的放射性淀积物。1902年，卢瑟福与F.索迪合作，提出放射现象是一种放射性元素原子自发地衰变为完全不同的另一种放射性元素原子的过程。

1911年，卢瑟福通过 α 粒子散射实验首先发现原子核的存在，并据此提出核型原子模型。

1919年，卢瑟福用 α 粒子轰击氮原子核，结果氮原子转化为质子（氢核）和氧原子，这标志着人类第一次实现了改变化学元素的人工核反应。此后，这种用粒子或 γ 射线轰击原子核引起核反应的方法，很快成为人们研究原子核和应用核技术的重要手段。

然而，要认识原子核，就必须用高速粒子来变革原子核。因此，用人工方法产生高速带电粒子的装置——粒子加速器应运而生，并迅速投入使用，其性能不断提高。粒子加速器不仅能帮助人们发现新放射性元素、研究原子核的结构和规律，还催生了粒子物理学。

卢瑟福在他的实验室

卢瑟福有一种认准了目标就勇往直前的精神。后来，学生们为他起了一个外号——鳄鱼，并把鳄鱼徽章装饰在他的实验室门口。因为鳄鱼从不回头，总是张开吞食一切的大口，不断前进。

■ 居里夫人与镭

居里夫人（1867~1934）是波兰裔法国籍女物理学家、科学家、放射化学家。1903年，因为镭的发现，她和丈夫皮埃尔·居里及另一位物理学家亨利·贝克勒尔同获诺贝尔物理学奖。1911年，她又因放射化学方面的成就获得诺贝尔化学奖。

居里夫人设计出了一种测量仪器，以测量某种物质是否存在射线及射线的强弱。由此，她发现：铀射线的强度与物质中的含铀量成一定比例，放射现象是某些元素的共性。

此后，居里夫妇又从矿石中分离出了一种同铋混合在一起的放射性物质，即钋。几个月后，他们从铀矿中分离出铋的化合物，又分离出具有强烈放射性的钡的化合物。他们的合作者贝蒙成功地研究了这个未知的放射性元素。1898年12月，巴黎科学院发表了他们和贝蒙合作的报告："……上述理由使我们相信，这种放射性的新物质里含有一种新元素，我们提议叫它镭（radium）。"

而此前，科学家一般都认为，原子是物质存在的最小单元，不可分割和改变。钋和镭的

【百科链接】

基本粒子： 构成物体的比原子核更简单的物质，包括电子、质子、中子、光子、介子和各种反粒子等。

居里夫人

在世界科学史上，居里夫人是一个永远不朽的名字。这位伟大的女科学家，在物理和化学领域都作出了卓越的贡献，并因而成为唯一一位在两个不同学科领域、两次获得诺贝尔奖的著名科学家。

发现，以及这些放射性新元素的特性，动摇了几世纪以来的一些基本理论和基本概念。

■ 狭义相对论

高速世界

相对论是20世纪物理学史上最重大的成就之一，包括狭义相对论和广义相对论两个部分，主要由德裔美籍科学家爱因斯坦创立。

提起狭义相对论，很多人马上就想到钟表慢走和尺子缩短现象。许多科学幻想作品以它为题材，描写一个人坐火箭遨游太空回来以后，发现自己还很年轻，而孙子已经变成了白发苍苍的老人。其实，钟表慢走和尺子缩短只是狭义相对论的几个结论之一，它是指物体以光速运动的时候，运动物体上的时钟变慢了，尺子变短了。钟表慢走和尺子缩短现象都是时间和空间随物质运动而变化的结果。

历史发展证明，狭义相对论经受了广泛的实验检验，在所有的实验中都没有发现同狭义相对论不一致的结果。现在，狭义相对论广泛应用于许多学科，和量子力学共同成为近代物理学的两大理论支柱。在现代物理学中，狭义相对论成为检验基本粒子相互作用的各种可能形式的试金石，只有符合狭义相对论的那些理论才有考虑的必要，这就严格限制了各种理论成立的可能性。

■ 核能

用之不竭的能源

核能分为核裂变能和核聚变能两种，迄今达到工业应用规模的核能只有核裂变能。1938年，德国科学家奥

核电厂

核电厂利用核能发电。其先将核能转换为热能，用以产生供汽轮机用的蒸汽，再由汽轮机带动发电机而产生电。

托·哈恩和他的助手斯特拉斯曼用中子轰击铀原子核后，发现了核裂变现象。一个铀核吸收了一个中子而分裂成两个较轻的原子核，同时发生质能转换，并放出很大的能量，产生2至3个中子。这就是核裂变反应。

在一定的条件下，新产生的中子会继续引起更多的铀原子核裂变，这样一代一代传下去，就像链条一样环环相扣，所以科学家将其命名为链式裂变反应。链式裂变反应能释放出巨大的核能，例如，1千克铀-235裂变释放出的能量，相当于2500吨标准煤燃烧产生的能量。

核聚变又叫热核反应。氢的同位素氘是主要的核聚变材料。氘以重水的形式存在于海水中。1升海水中的氘通过核聚变释放出的能量，相当于300升汽油燃烧释放出的能量。全世界海水中所含的氘通过核聚变释放的聚变能，可供人类在很高的消费水平下使用50亿年。

核聚变

核聚变能释放出巨大的能量。太阳内部连续进行着氢聚变形成氦的反应，太阳的光和热就是由核聚变产生的。

【百科链接】

相对论：
研究时间和空间相对关系的物理学说。

化学创造的世界 ✦

■ 合成橡胶

1839年，美国人古德伊尔发现，将天然橡胶与硫黄粉混合加热后可以使橡胶转化为遇热不黏、遇冷不硬的高弹性材料，即硫化橡胶。之后，人们才开始用橡胶制成轮胎，取代木制轮子，使乘客倍感舒适。

今天，橡胶已成为人们日常生活中不可或缺的物质，一般用于轮胎、胶管等工业制品的生产。

人们最早使用的橡胶是从天然产胶植物中提取的。不过，近年来由于气候与地理因素的制约，天然橡胶越来越无法满足各方面飞快增长的需要，于是与天然橡胶具有相似性质的合成橡胶应运而生。

硅橡胶奶嘴
硅橡胶具有无味无毒、不怕高温和能抵御严寒的特点，而且与人体具有很好的生物相容性，已广泛用于制造奶嘴、人造心脏和人造血管等。

橡胶轮胎
世界橡胶产量的一半用于轮胎生产。汽车轮胎是橡胶与纤维材料及金属材料的复合制品，制造工艺是机械加工和化学反应的综合过程。

合成橡胶指用石油、天然气、煤等为原料，人工制成的用于弹性体的高分子材料。换言之，人们将石油中的多种碳氢化合物分离出来，利用化学方法聚合即可得到合成橡胶。

合成橡胶中只有少数品种的性能与天然橡胶相似，大多数与天然橡胶不同，但两者最显著的共同特点是：具有高弹性；需经过硫化和加工后，才具有实用性和使用价值。目前，合成橡胶的数量和性能都大大超过了天然橡胶。

合成橡胶的分类方法很多。最常见的分类方法，是按照使用特性将合成橡胶分为通用型和特种橡胶两大类。通用型合成橡胶是指可以部分或全部代替天然橡胶使用的胶种，如丁苯橡胶、异戊橡胶、顺丁橡胶等，主要用于制造各种轮胎及一般工业橡胶制品。例如，丁苯橡胶在合成橡胶中产量最高，主要用于制造汽车轮胎和飞机轮胎等。

特种橡胶是有特殊性能（如耐高温、耐油、耐臭氧、耐老化和高气密性等），并用于特种场合的橡胶，如硅橡胶、各种氟橡胶等。这类橡胶主要用于要求某种特性的特殊场合，不过用量较小。例如，硅橡胶在人体中具有很好的生物相容性，已应用于人造血管、人造瓣膜和人造心脏等。丁腈橡胶具有耐热、耐油和耐老化的特点，可制作耐油胶管和油箱。聚硫橡胶具有优良的耐油、耐老化及透气小的特性，常用于飞机座舱、整体油箱、电气设备的密封。

合成橡胶工业属于高分子化学工业，且是该行业的"领头羊"。继此工业之后，合成纤维工业和塑料工业也蓬勃发展起来。

【百科链接】
硫化橡胶
把生橡胶、硫黄和炭黑等填料放在容器里，经过通入高压蒸汽加热等一系列程序，就可得到硫化橡胶。

▶ 塑料时代
◉ 高吸水性树脂

尿素：一种中性速效肥料，也叫碳酰二胺，因为在人尿中含有这种物质，所以取名尿素。尿素含46%的氮，在固体氮肥中含氮量最高。

>>>>>>>>>>>

数理化篇

■ 塑料时代

塑料指以树脂等高分子化合物为基本成分，与配料混合后加热、加压而成的、具有一定形状的材料。

历史上第一种合成塑料——酚醛塑料诞生于1910年，由美籍比利时化学家贝克里特通过将酚醛树脂加热模压的方式制成。其后，贝克里特在酚醛树脂中添入木屑加热、加压模塑成各种制品，并将其以他的姓氏命名为贝克里特，我们称之为电木。电木因其良好的绝缘性和耐热性，一直被使用到今天。

此后，塑料工业发展迅速，塑料制品应用广泛。1918年，奥地利化学家约翰制得脲醛树脂，用它制成的塑料无色而有耐光性，并具有很高的硬度和强度，更不易燃，能透过光线，又称电玉。在20世纪20年代的欧洲，它曾被作为玻璃替代品使用。到20世纪30年代，又出现了以尿素为原料的三聚氰胺——甲醛树脂。这种树脂可以制造耐电弧的材料，因为它具有耐火、耐水、耐油等特性。此后，聚乙烯、聚氯乙烯、聚苯乙烯、有机玻璃等塑料陆续出现。

塑料的显著特点是具有可塑性和可调性。可塑性是指采用最简单的工艺，就可以在短时间内制造出形状极复杂的塑料制品；可调性是指生产过程中，可以用改变工艺、变换配方等方法来调整塑料的各种性能。此外，塑料还具有质量轻、不导电、不怕酸碱腐蚀、不传热、品种多等优点。

值得注意的是，塑料为人类带来便利的同时，也给环境造成了严重的污染，如白色污染。

■ 高吸水性树脂

高吸水性树脂是一种新型的高分子材料，无毒、无害、无污染。它最大的特点是：吸水能力强，能够吸收自身质量几百至上千倍的水分；

塑料袋

从20世纪40年代至今，随着科学技术和工业的发展以及石油资源的广泛开发利用，塑料工业获得迅速发展，塑料制品的应用范围日益广泛，例如最常见的塑料袋。

保水能力高，不能用简单的物理方法挤出它所吸的水分，而且它可反复释水、吸水。

若将高吸水性树脂应用于农林业，它不仅可以在植物根部形成一个"微型水库"，还能充分吸收肥料、农药，并将其缓慢地释放出来，以增加肥效和药效。

目前，高吸水性树脂正以其优越的性能，广泛应用于农林业生产、城市园林绿化、抗旱保水、防沙治沙，以及医疗卫生、石油开采、建筑材料、交通运输等许多领域，并发挥着巨大的作用。

【百科链接】

树脂：

遇热变软，具有可塑性的高分子化合物的通称。

白色污染

白色污染指的是由一次性难降解的白色塑料包装物，比如一次性泡沫快餐具、塑料袋等造成的污染。这些一次性塑料包装物埋在土壤中很难被分解，会导致土壤质量下降；如果焚烧，又会导致大气污染。

■ 水泥

高楼大厦的材料

水泥的历史可追溯到古罗马人在建筑工程中使用的石灰和火山灰的混合物。

1796年，英国人J.帕克用泥灰岩烧制成一种棕色水泥，它被称为罗马水泥或天然水泥。1824年，英国人J.阿斯普丁用石灰石和黏土烧制成一种水泥，硬化后的颜色与英格兰岛上的波特兰用于建筑的石头相似，故被命名为波特兰水泥，并取得了专利权。

20世纪初，随着生活水平的提高，人们对建筑工程的要求日益提高，水泥的种类越来越多，性能也多种多样。最近，人们研制出一些具有"特异功能"的新型水泥，大大拓展了水泥的应用范围。

抗菌水泥

利用一些元素具有抗菌的特性，在水泥中添加钨、镍等抗菌成分，即可制成抗菌水泥。这种水泥可以有效抑制细菌活动，适用于对室内环境要求较高的场所。

混凝土浇筑

混凝土是由水泥、沙子、石子和水按适当的比例混合而成的。现在许多大楼都是用混凝土整体浇筑而成的，与以前使用预制板的楼房相比，在房间结构的灵活性和抗震性能上都要优越许多。

粉刷墙壁

现在人们涂刷内墙通常使用的是乳胶漆，是一种以水为稀释剂的乳液型涂料，施工方便、安全、耐水洗、透气性好，而且还可以调配出不同的色泽。

可塑水泥

利用特殊原料和工艺制成的可塑水泥，在加水调和后，能够在48小时内保持柔软性和可塑性。

变色水泥

在水泥中加入二氧化钴，即可制成变色水泥。用这种水泥建造房屋，墙面颜色会随天气的变化而变化：干燥时呈蓝色，潮湿时为紫色，下雨吸水后变成玫瑰色。

■ 油漆与涂料

说起油漆，大家都不陌生，不过科学地讲，它应该被称为涂料。由于早期的涂料大多以植物油为主要原料，故名油漆。由于天然油漆材料紧缺，所以现代使用的涂料多采用合成原料制成。但在具体的涂料品种命名时仍常用"漆"字表示涂料，如最常用的一种涂料——调和漆。

当今最流行的涂料当属以醇酸树脂为主要成膜物质的醇酸树脂漆。醇酸树脂固化成膜后，有光泽和韧性，附着力强，并具有良好的耐磨性、耐候性和绝缘性等，广泛用于桥梁等建筑物，以及机械、车辆、船舶、飞机、仪表的涂装。

除美观和起保护作用的传统功能外，现代涂料也开始具备多种特殊功能。例如，导电、屏蔽电磁波、防静电产生等作用；防霉、杀菌、杀虫、防

【百科链接】

涂料：

涂在物体的表面，使物体美观或保护物体免受侵蚀的物质。

◆ ◆ ◆ ◆
▶ 化肥：农作物的营养添加剂
▶ 农药：寂静的春天

尼古丁：一种味苦、无色、透明的油质液体，易挥发，在空气中易氧化成暗灰色，能迅速溶于水及酒精中。香烟中含有大量尼古丁，对人体有极大危害。

>>>>>>>>>>>>
数理化篇

海洋生物黏附等生物化学方面的作用；反射光、发光、吸收和反射红外线、吸收太阳能、屏蔽射线、标志颜色等光学性能方面的作用，等等。

■ 化肥

农作物的营养添加剂

化肥是化学肥料的简称，指用化学和（或）物理方法制成的，含有一种或几种农作物生长需要的微量元素及其他营养元素的肥料。

氮肥、磷肥和钾肥是目前最常用的三种化肥。

氮肥

氮肥可以供给植物生长所需的氮元素养分。氮元素是组成植物体蛋白质的重要物质，植物叶绿素、磷脂、配糖物、核酸、维生素以及生物碱中都含有氮。使用氮肥适量得当，则植物枝繁叶绿，制造有机物多；如单独施用过多的氮肥，则会造成肥害。

磷肥

适量施用磷肥，能促进作物的根系发育，增强作物的抗旱、抗寒能力，使作物躯干健壮，籽粒饱满。

钾肥

适量施用钾肥，能增强植物的抗旱、抗寒、抗病虫害和抗倒伏能力。同时，适量的钾肥对不同的作物还会起到不同的作用：它可以使谷物子粒变得饱满，使土豆、薯类等块根增大，使稻、麦等禾本科作物分蘖增多，使水果、甜菜等农产品的糖分增加。

■ 农药

寂静的春天

早在公元前2500年之前，人类就开始使用农药来预防农作物的损害了。最早的农药是在距今约4500年前西亚的苏美尔人喷洒的元素硫。公元15世纪，砷、汞、铅等有毒化学物质也被用在农作物上以杀死害虫。17世纪，人们将尼古丁和硫酸盐从烟草中提炼出来作为杀虫剂使用。19世纪，人们引进了两种更天然的农药——除虫菊素和鱼藤酮。

1939年，瑞士化学家保罗·米勒发现DDT是非常有效的杀

【百科链接】

微量元素：
　　生物体正常生理活动所必需，但需求量很少的元素。

虫剂，可以迅速杀死蚊子、虱子和农作物害虫，且比其他杀虫剂安全。米勒因此获得1948年诺贝尔生理学或医学奖。DDT则很快成为世界上最广为使用的农药，为20世纪上半叶防止农业病虫害，减轻疟疾、伤寒等蚊蝇传播的疾病危害起到了不小的作用。

1962年，美国海洋生物学家蕾切尔·卡逊在其畅销书《寂静的春天》中，详细地说明了化学农药及杀虫剂，尤

喷洒农药
　　使用农药虽然可以减少农业损失，但是长期滥用农药也会使环境中的有害物质大大增加，从而危害生态平衡。

石英：一种物理性质和化学性质都极其稳定的矿物，成分是二氧化硅，晶体叫水晶。其用途十分广泛，可制作石英钟、玻璃、光学仪器、眼镜等。　▶玻璃家族

其是DDT的使用对食物链和生态环境所带来的重大影响。这本书使DDT被广泛禁用，且引发了人们的环境保护意识，人们随之注意到了农药带来的种种隐患和副作用。

■ 玻璃家族

我们现在使用的玻璃有石英玻璃、硅酸盐玻璃、钠钙玻璃、氟化物玻璃等许多种类。在玻璃家族中，还有许多具有特殊功能的特种玻璃。

钢化玻璃

钢化玻璃具有抗冲击强度高、抗弯强度大、热稳定性好以及光洁、透明、可切割等特点。在遇超强冲击破坏时，钢化玻璃的碎片呈分散的细小颗粒状，没有尖锐的棱角，又称安全玻璃。钢化玻璃的耐急冷急热性质，比普通玻璃高2至3倍，对防止热炸裂有明显的效果。

钢化玻璃的生产工艺通常有两种：一种是在特定工艺条件下，将普通平板玻璃或浮法玻璃用淬火法或风冷淬火法加工处理而成；另一种是通过离子交换法，将普通平板玻璃或浮法玻璃的表面成分改变，使玻璃表面形成一层压应力层，制成钢化玻璃。

碎裂的风挡玻璃

钢化玻璃与普通玻璃相比不仅强度更高，而且受到破坏时会碎成圆滑的小颗粒，减小了玻璃碎片伤人的可能性，所以被广泛应用在汽车车窗上。

夹丝玻璃

夹丝玻璃又叫防碎玻璃。它是将普通平板玻璃加热到红热软化状态时，再将预热处理过的铁丝或铁丝网压入玻璃中间制成的。它的特性是防火性优越，可遮挡火焰，高温燃烧时不炸裂，破碎时不会造成碎片伤人。另外，它还具有防盗性能，即使玻璃被割破，还有铁丝网可以阻挡盗贼。这种玻璃主要应用于屋顶天窗、阳台窗。

夹丝玻璃在制作过程中，要求金属丝（网）的热膨胀系数与玻璃接近，不易与玻璃起化学反应，有较高的机械强度和一定的磁性，表面清洁无油污。夹丝玻璃的品种有压花夹丝、磨光夹丝和彩色夹丝玻璃等；按形状来分，有平板夹丝、波瓦夹丝和槽形夹丝玻璃等。

【百科链接】

退火：

把金属材料或工件加热到一定温度并持续一定时间后，使之缓慢冷却。

泡沫玻璃

泡沫玻璃是由碎玻璃、发泡剂、改性添加剂和发泡促进剂等材料经过细粉碎和均匀混合后，再经过高温熔化、发泡、退火而制成的玻璃材料，由大量直径为1至2毫米的均匀气泡结构组成。泡沫玻璃是一种性能优越的绝热（保冷）、吸声、防潮、防火的轻质高强建筑材料和装饰材料。虽然近年来新型隔热材料层出不穷，但是泡沫玻璃以其永久性、安全性、高可靠性，在低热绝缘、防潮工程、吸声等领域占据着越来越重要的地位。它的生产是废弃固体材料的再利用，是保护环境并获得丰厚经济利益的范例。

18世纪的玻璃作坊

制造玻璃制品时，先将原料进行高温熔化，形成均匀、无气泡的可塑形的玻璃液，然后用铁勺盛取玻璃液，在模具中塑成想要的形状。

生活中的化学

■ 富含矿物质的矿泉水

矿泉水指含有矿物质或其他溶解物质的水。

矿泉水分饮用和浴用两类。公认的饮用矿泉水是指含有一定量的矿物盐、微量元素、二氧化碳等有益于人体的组分，并达到饮用水水质标准的天然地下水。浴用矿泉水尚无统一的国家标准，但对它的基本要求是温热水，温度接近或高于人的体温，含有一定的气体（如硫化氢、氡气）和某些特殊化学组分。

长期饮用矿泉水对人体确有较明显的营养保健作用。以我国天然矿泉水含量达标较多的偏硅酸为例，它具有与钙、镁相似的生物学作用，能促进骨骼和牙齿的生长发育，有利于骨骼钙化，可防治骨质疏松；还能预防高血压，保护心脏，降低心脑血管的患病率和死亡率。因此，偏硅酸含量的高低是世界各国评价矿泉水质量最常用、最重要的界限指标之一。此外，矿泉水中的锂和溴还能调节中枢神经系统

防毒面具
由于活性炭的吸附能力很强，所以防毒面具中都会设置活性炭层，以吸附和阻挡有毒化学气体。

活动，具有安定情绪和镇静的作用。

■ 去除异味的活性炭

活性炭，即黑色粉末状或颗粒状的无定形碳，其主要有机成分为碳，并含少量氧、氢、硫、氮、氯等元素。因其具有良好的吸附特性，故常用作吸附剂。

活性炭所具有的强吸附性与它的孔隙结构密不可分。众所周知，孔隙结构越发达，孔隙的比容积和比表面积就越大。因此，孔隙在很大程度上决定了活性炭的吸附能力。

活性炭的用途很广，主要用于以下几方面：

1. 气体净化。例如，用活性炭过滤法使空气脱臭；将活性炭用于防毒面具和工业用呼吸器中，以防御毒物等。

【百科链接】

吸附：
固体或液体把气体或溶质吸过来，使其附着在自己表面，如活性炭吸附毒气和液体中的杂质。

2. 气体分离。例如，用活性炭从城市煤气中回收苯，从天然气中回收汽油、丙烷和丁烷等。

美国黄石公园牵牛花温泉
美国黄石公园的温泉中由于含有碳酸钙等矿物质，逐渐形成了梯田状石灰石阶梯，而且色彩十分丰富，有银白、淡紫、浅灰、橙黄、咖啡色等多种颜色。

苯：无色、有毒、易挥发、易燃液体，有芳香气味。苯是合成橡胶、合成纤维、合成药物和农药等的重要原料，也是涂料、橡胶、胶水等的溶剂。

▶ 味精的发明
▶ 肥皂与洗涤剂

3. 液相吸附。例如，在制糖工业中用活性炭吸附法使糖液脱色；在化学工业中用活性炭使有机物质脱色等。

4. 活性炭还可作为某些反应的催化剂或催化剂载体。例如，用作工业煤气的脱硫和光气生产的催化剂等。

■ 味精的发明

1907年，日本东京帝国大学研究员池田菊苗从海带中提取出了一种叫谷氨酸的棕色晶体，并发现如把少量的谷氨酸放入汤中，就能使汤的味道鲜美至极，池田称这种味道为鲜味。池田在研究中发现，大豆和小麦这些廉价原料中也含有谷氨酸，由此，他找到了大规模生产谷氨酸晶体的方法，并申请了专利。不久，最早的味精——"味之素"诞生了。

1956年，日本科学家发明了比水解法生产味精更经济的发酵法，即用糖、水和尿素等配制成培养基，再用高温蒸汽灭菌法将杂菌统统杀死，然后把培育好的纯种短杆菌接种进去。短杆菌经过复杂的变化，可将糖和尿素转变为谷氨酸。最后，把谷氨酸从培养液中分离出来，提纯后再制成其钠盐——谷氨酸钠。这样生产出的味精纯度更高，鲜味更足。

此后，味精的商业化生产发展迅速，味精销售量更是逐年增长。

味精的来源——海带
最初的味精是从海带中提取的。目前，国外生产味精多用糖蜜培养基，而我国则是用玉米、大米等粮食作物作为原料。

■ 肥皂与洗涤剂

我们日常用的肥皂是以动植物油脂为主要原料制成的，主要成分是高级脂肪酸的钠盐。

在水中，高级脂肪酸钠会分解为易溶于水的亲水基和易溶于油的疏水基，使肥皂既亲水又亲油。这种两重性将原本互不相溶的水和油分子联系起来，使附着在

香皂
香皂与肥皂的有效成分近似，不过制造香皂所用的油脂比较高级，而且需要加入香料和其他添加剂，碱性成分较少，所以比较适合用来清洁身体。

织物表面的油污或尘土微粒易被润湿，进而与织物逐步松开。另外，由于人们对织物进行搓洗，使肥皂液渗入空气，从而产生大量的泡沫，泡沫不仅能增加肥皂液的表面积，而且具有较强的表面张力。这样一来，油污就更易脱离织物而分散成细小的油滴，进入肥皂液中，织物再经水漂洗后就干干净净了。

根据肥皂的去污原理，人们研制出了各种各样的合成洗涤剂。合成洗涤剂大多以石油、苯、二氧化硫、硫酸、氢氧化钠等为原料，比肥皂的去污能力更强。

现在常用的合成洗涤剂主要有三类：阴离子型洗涤剂、阳离子型洗涤剂和非离子型洗涤剂。我们现在普遍使用的洗衣粉就是以阴离子型洗涤剂为主，外加微生物制剂活性酶制成的，它具有去污能力强、泡沫多等特点，并可在硬水中使用。

【百科链接】

硬水：
含有较多钙、镁、铁、锰等可溶性盐类的水，味道不好，且易形成水垢。

■ 蕴含能量的干电池

1800年，意大利物理学家伏打将铜片和锌片放到稀硫酸溶液里，做成了世界上第一个电池。当把锌片和铜片放到稀硫酸里时，由于锌比铜活泼，容易失去电子，就会变成二价锌离子进入溶液，留在锌片上的电子则通过导线流向铜片，并且和铜片周围溶液里的氢离子结合，产生氢气。电池就是通过这样的化学反应，把物质内部的化学能变成了电能。

干电池发电的原理和伏打电池一样。干电池的负极是用锌片做成的圆筒，既是溶解电极，又是容器；干电池的正极，则是由戴有"铜帽"的导电炭棒，与炭棒周围的二氧化锰粉末和一些导电材料组成的混合物共同构成的；干电池的电解质是由氯化铵、氯化锌和淀粉调制而成的糊状物。以使用干电池的手电筒

干电池
干电池中的电解质是一种不能流动的糊状物，干电池因此得名。

为例，当导线把干电池正负极连接起来后，化学能就会变成电能，产生电流，把手电筒的灯泡点亮。

不过，干电池的放电时间是有限的，随着电荷总量的逐渐减少，电压也会逐渐下降，直至完结，这时电池也就"寿终正寝"了。现在的干电池一般可以连续放电十几个小时。

■ 一擦就燃的火柴

最初的摩擦火柴是由英国化学家约翰·华尔克发明的。在一次偶然的机会中，华尔克发现用砂纸摩擦氯化钾和硫化锑的混合物能产生火焰。1827年，华尔克出售了第一盒用氯化钾和硫化锑做成的火柴。其后，为增加火柴的稳定性和易燃性，法国人C.索利亚将白磷和黄磷作为配方，于1831年革新了火柴的配方设计。

1845年，奥地利化学家A.施勒特尔发现了白磷的同素异形体红磷。由于红磷无毒，可在240摄氏度左右着火，受热后能转变成白磷而燃烧，于是红磷很快成了制造火柴头的原料。

1855年，瑞典人J.E.伦德斯特伦创制出一种新型火柴，它是将氯酸钾和硫黄等混合物粘在火柴梗上，而将红磷药料涂在火柴盒侧面。使用时，将火柴药头在磷层上轻轻擦划，即能发火。由于这种火柴把强氧化剂和强还原剂分开，大大增强了生产和使用中的安全性，所以它被称为安全火柴，至今应用广泛。

安全火柴
安全火柴的优点在于使用了燃点较高的红磷，加上与氧化剂分开，更增强了安全性。

【百科链接】

同素异形体：
同一个元素构成的结构不同、物理性质也不同的单质，它们互为同素异形体，如氧与臭氧。

■ 营养丰富的酸牛奶

酸牛奶中存在着一种能在酸性环境中迅速生长繁殖的乳酸菌。由于该乳酸菌是在保加利亚地区的酸牛奶中发现的，故被命名为保加利亚乳酸杆菌。在适宜的温度下，乳酸菌会在鲜牛奶中大量繁殖，将奶中的乳糖分解为乳酸。

酸牛奶中的乳酸可使肠道内环境由中性和碱性变为酸性。这种内环境的改变对人体非常有益。因为人体肠道中寄生的腐败菌必须在中性或弱碱性环境中生长发育。腐败菌不但分解肠道内的蛋白质，还会产生一些有毒物质，如吲哚、酚、粪臭素等。这些有毒物质损害人体健康，可使神经系统过早衰老。但是若经常饮用酸牛奶，使肠道内环境趋于酸性，就破坏和抑制了腐败菌的生长条件，可以减轻有毒物质对人体的侵害。

酸牛奶还能刺激胃酸的分泌，增强胃肠道消化能力，促进身体的新陈代谢。它还具有降低血清胆固醇和轻泻的作用，可生津润肠，对防治中老年人便秘有一定效果。因此，酸牛奶深受人们的欢迎，尤其得到了孩子和老人的喜爱。

酸奶

酸奶的营养价值虽然很高，但美中不足的是缺乏维生素C，所以最好与水果搭配食用，口感和营养都十分理想。

■ γ射线

看不见的消毒剂

1913年，γ射线被证实是电磁波，是原子核内部自受激态至激态时发出的，一般波长小于0.001纳米，它和X射线极为相似，却具有比X射线还要强的穿透能力。γ射线通过物质时会与原子相互作用，产生光电效应、康普顿效应和正负电子对效应。

γ射线在消毒领域的应用最广泛。几十年前，美国人就已开始采用放射性核素钴-60的γ射线对水果、蔬菜和粮食进行保鲜消毒。这一技术显示出种种优越性，很快被推广开来。与传统保鲜方法相比，γ射线可以穿透一般的包装容器，杀死躲藏在水果、蔬菜里的微生物和害虫等，既廉价又高效。同时，经γ射线照射过的新鲜水果、蔬菜，一般都能保存一年左右。另外，用于消毒的γ射线能量较低，既不会将食品变成放射性的物质，也不会有任何带放射性的残留物，所以既方便又环保。

核爆炸

核爆炸（如原子弹、氢弹爆炸）的杀伤力由4个因素构成：冲击波、光辐射、放射性沾染和贯穿辐射。其中贯穿辐射主要由强γ射线和中子流组成。可见，核爆炸是一种重要的γ射线辐射源。

【百科链接】

寄生：

两种生物在一起生活，一方受益，一方受害，后者为前者提供营养物质和居住场所，这种生物关系称为寄生。

Part 2

电子科技篇

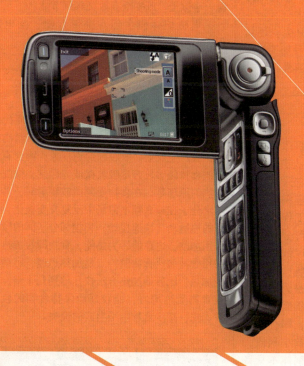

身边的电器 ❧

■ 电饭煲

煮饭必备

电饭煲一般由锅体、电热组件、温度控制和定时装置等组成。它采用感温磁控组件，在锅内温度达到一定限度前，加热装置会全力工作，使锅内的水沸腾，将米煮熟。当达到一定温度后（饭熟），电饭煲内的水便会由液态转为气态蒸发掉。物质由液态转为气态时，要吸收一定的能量，这种能量叫做潜热。这时候，温度会一直停留在沸点。等多余的水分都蒸发后，饭煲里的温度才会再次上升。因此，处于保温状态的电饭煲，锅内温度一般会维持在60～80摄氏度。

电饭煲不仅使用方便、清洁卫生，还具有对食品进行蒸、煮、炖、煨等多种加工的功能，因而一经发明便受到了人们的喜爱。

■ 电磁炉

不见明火

与传统炉具相比，电磁炉靠锅体直接发热，无热辐射，实现了真正的无明火烹饪，这与它采用磁场感应涡流加热的工作原理密不可分：电流通过线圈产生磁场，当磁场内磁力通过含铁质锅的底部时，即会产生无数小涡流，使锅体本身自行高速发热，进而加热锅内的食物。而

电磁炉

电磁炉的热效率极高，而且使用时不见明火，不产生废气，无论是安全性还是使用的便利性都比传统炉灶优越得多。

且，它工作时产生的电磁波会被线圈底部的屏蔽层和顶板上的含铁质锅完全吸收，不会泄漏。同时，锅体自行发热的加热方式，减少了热量传递的中间环节，大大提高了热效率，其高达85%～99%的电磁炉比传统的炉具节省能源一半以上，既安全高效又环保节能。

电磁炉体积小巧，携带方便，插电即用，完全适应快节奏的现代生活的需要。

■ 微波炉

瞬间加热

微波炉是一种用微波加热食品的现代化烹调灶具。微波在传输过程中遇到不同物质时，会产生反射、吸收或穿透现象，而含有水分的食物能够较好地吸收微波。因此，微波炉加热的原理是：在食物受到微波辐射时，其中的水分子在超高频电磁场中反复交变极化，分子的热运动（快速摆动）和相邻分子间的摩擦作用加剧，电磁能转为热能，食物即被加热。采用微波加热食物的特点是加热迅速，可谓瞬间加热，比普通加热方法快几倍到几十倍，而且食物受热均匀，能较好地保持食物的色、香、味，减少食物中维生素的流失。

电饭煲

电饭煲对于朝九晚五的上班族来说是不可或缺的好帮手，只要淘好米，加好水，盖好盖，按下控制按钮，它就会自动将饭烧好，比传统的煮饭方式方便许多。

【百科链接】

微波：
一般指波长从1毫米至1米（频率300兆赫~300吉赫）的无线电波。

电冰箱：低温保鲜
家用洗衣机
不用洗衣粉的洗衣机

洗衣粉：主要成分是阴离子表面活性剂，如烷基苯磺酸钠，少量非离子表
面活性剂，还有一些助剂，如磷酸盐、硅酸盐、元明粉、荧光剂、酶等。

电子科技篇

■ 电冰箱

低温保鲜

电冰箱是带有制冷装置的储藏箱。1910年，世界上第一台压缩式制冷的家用冰箱在美国问世。

现在世界上绝大多数的冰箱都属于压缩式冰箱，主要包括三个基本的部件：压缩机、冷凝器和蒸发器。当冰箱开始运转时，电动机带动压缩机开始工作，吸入处于低压和常温状态下的制冷剂——氟利昂蒸气，将其压缩成为高温、高压的蒸气（物质被压缩后，温度就会升高），蒸气进入冷凝器，借助热片散热后，冷凝成液体。液态氟利昂再通过膨胀阀（节流装置，一般用毛细管代替）时，压力降低，温度继续下降。最后，液态氟利昂进入蒸发器，由于脱离了压缩机的压力，同时吸收了电冰箱内的空气和食品等的热量，液态氟利昂重新变为气态，同时使冰箱内部冷却。汽化后的氟利昂又被压缩机压回到箱外的冷凝器进行散热，再变为液体。如此循环不息，电冰箱就能一直保持低温了。

由于氟利昂会破坏臭氧层，现在已经被逐渐淘汰。电冰箱虽已改用其他制冷剂，但它们制冷的原理是一样的。

电冰箱

电冰箱虽然能延长食物的保存期限，但并不是万无一失的"保险箱"，如果食物放在里面超过一定时间，依然会腐败变质。

滚筒洗衣机

滚筒洗衣机在工作时，衣物不缠绕，磨损小，所以滚筒洗衣机也能洗涤羊毛、真丝衣物。而且它还可以通过加热来激活洗衣粉中的活性酶，使其充分发挥去污效能。

■ 家用洗衣机

最常见的家用洗衣机，是波轮洗衣机和滚筒洗衣机。早期的波轮洗衣机一般采用偏置波轮，后来又将波轮放置在内桶中央，以提高洗衣机的洗净力。当然，这种设计也会加大衣物的磨损率，使衣物易缠绕打结，洗涤不均匀。现在新型的波轮洗衣机将波轮置于内桶底部，并通过其他设计大大提高了水流速度，且兼具了洗涤力强、磨损率小、不易缠绕、洗涤均匀等优点。

滚筒洗衣机是模仿棒槌击打衣物原理设计的，它利用电动机的机械做功使滚筒旋转，衣物在滚筒中不断地被提升摔下，再提升再摔下，做重复运动，加上洗衣粉和水的共同作用，将衣物洗涤干净。

■ 不用洗衣粉的洗衣机

科学研究发现，水力机械的旋转部件（如叶轮）工作时，在进口处的液体会出现大量的气泡，气泡受挤压而破碎时，会对周围的液体产生巨大的瞬间冲击力，使得旋转部件很容易损坏。这种现象叫气蚀现象。

科学家将气蚀原理用于洗衣机。日本人首先在洗衣机中输入超声波，利用超声波在水缸中产生大量气泡，借助气泡破碎时造成的冲击力，代替洗衣粉清除衣物上的污渍。

另外一种不用洗衣粉的洗衣机是利用真空作用，使洗涤缸内的水"沸腾"，产生大量气泡，衣服在气泡中反复搅动，而污垢会被甩出去，通过泄水孔进入过滤器。这种洗衣机的主要部件有真空泵、真空室、过滤器等。

【百科链接】

汽化：
液体变成气体的现象。

■ 家用热水器

热水器就是指通过各种物理原理，在一定时间内使冷水升温变成热水的一种装置。家用热水器通常有电热水器、燃气热水器和太阳能热水器等几种。

电热水器的工作原理非常简单，使用一根电加热管，通电之后即可为水提供热量。电热水器的特点是使用方便，能持续供应热水。

本质上，燃气热水器是一个以燃气为燃料的小锅炉，但它的"锅"是用很薄的金属做成的"换水器"。家用燃气热水器是直流式，即水顺着一根管子走，边流动边加热，等到了出口，冷水就变成热水了。这种热水器即开即用，不需预热，可保持恒温并持续提供热水，不受沐浴时间的限制。从我国的实际情况和人们的使用习惯来看，燃气热水器目前仍是众多消费者的首选。而燃气热水器能否及时排走有毒气体是其能否获得长久生命力的关键。

太阳能热水器是利用温室原理，将太阳能转变为热能，以达到加热水的目的的整套装置，主要组件包括真空集热管、储水箱、支架及相关附件。真空集热管是太阳能热水器的核心。太阳能热水器中水的升温情况与外界温度关系不大，主要取决于光照的强度、时长以及热水器真空管的集热面积等。

■ 吸尘器

清洁能手

1901年，英国工程师休伯特·布斯参观了一种除尘器的表演，这种机器可以把尘埃吹入容器内，但效果并不理想。布斯受此启发，反其道而行之，用强力电泵把空气和尘土吸入布袋。1901年，他取得了专利，并成立了真空吸尘公司。1907年，美国发明家斯班格拉制成了轻巧的家用吸尘器。

【百科链接】
真空：没有空气或只有极少空气的状态。

吸尘器看起来就像一只巨型的"蝌蚪"，它的"尾巴"可以有效地吸取地面、墙壁、床铺、沙发等处的灰尘细屑。

吸尘器能除尘，主要在于装在它"头部"的一台很小的电动机和风叶轮。只要一接上电，电动机就会带动风叶轮以每秒500圈的转速转动，把吸尘器里的空气排出。同时，在压力差的作用下，外面的空气会被吸进吸尘器，吸嘴附近的尘埃也就会随着气流进入吸尘桶内。

吸尘器
世界上第一台真空吸尘器是由英国工程师休伯特·布斯于1901年发明的，而适合家用的小型电子吸尘器则于1908年问世。

吸尘器配上不同的部件可以完成不同的清洁工作，如配上地板刷，可清洁地面；配上扁毛刷，可清洁沙发面、床单、窗帘等；配上小吸嘴，可清除小角落的尘埃。吸尘器的吸尘桶内还装有一个收集灰尘的盒子，盒子装满后，需取出清理。

太阳能热水器
在全球能源形势日益紧张的今天，太阳能热水器以其节能环保、安全无污染的特点，吸引了人们的目光。

▶ 电风扇：凉爽的风　　古波斯：该名称主要用于西方，指公元前1000年左右移居南伊朗地区的印
▶ 空调：四季如春　　欧游牧民族。古波斯人最后被亚述人和迦勒底人所取代。

电子科技篇

■ 电风扇

凉爽的风

电风扇简称电扇，是夏天常用来解暑和流通空气的家用电器。电风扇究竟是谁发明的，现在已经很难找到确切资料了。据说，1882年，美国纽约的技师休伊·斯卡茨·霍伊拉最早发明了商品化的电风扇。第二年，该厂开始批量生产只有两片扇叶的台式电风扇。1908年，美国的埃克发动机及电气公司成功研制出世界上最早的左右摇头的电风扇，这种电风扇成了之后销售的主流。

电风扇都有扇叶，打开开关接通电源后，电动机驱动扇叶旋转，加速空气流通，使人体皮肤上水分蒸发的速度加快，人就感觉凉爽了。这就是电风扇的工作原理。

家用电风扇按结构可分为吊扇、台扇、换气扇、转页扇、空调扇（即冷风扇）等许多种类。还有的电风扇应用了电子和微电脑技术，可以遥控，但其电机驱动的原理基本不变。

分体式空调室外机箱
分体式空调由室内机箱和室外机箱组成。室外机箱组合了制冷系统中的压缩机、冷凝器和轴流风机等。

电风扇
传统的家用电风扇大都有三个叶片，原因是这种结构形式符合流体力学规律，可使电扇风力大，噪声低，而且有较好的动平衡，不易产生振荡。

■ 空调

四季如春

空调是空气调节器的简称，是最常见的家用电器之一。

事实上，早在一千多年前，古波斯已发明了一种空气调节系统，就是利用装置于屋顶的风杆，使外面的自然风穿过凉水并吹入室内，从而降低室内的温度。

不过，直至19世纪，现代空调的雏形才逐渐出现。首先，英国科学家及发明家法拉第发现，压缩及液化某种气体可以将空气快速降温。

1902年，第一个现代化、电力推动的空调系统由韦利士·加利亚发明。该空调不仅能控制温度，还着力控制空气湿度，从而提供了低热度及湿度的环境。不久，加利亚研制出离心式空调器，使空调效率大大

【百科链接】
压缩：
物理意义上的压缩指加上压力，以减小体积、大小、持续时间、密度和浓度等。

稀有气体：专指那些化学性质不活泼，不易跟其他物质发生化学反应的气体。稀有气体共有6种，按照原子量递增的顺序排列，依次是氦、氖、氩、氪、氙、氡。

▶ 电视机：坐观天下
▶ 等离子电视：保护眼睛的电视
▶ 液晶电视：长寿电视

提高，调节空间空前增大。随着现代科技的发展，越来越多功能各异的高科技空调正走进人们的生活，为人们创造着四季如春的舒适生活。

■ 电视机

坐观天下

电视机是我们日常生活中最熟悉、最不可或缺的家电。那么，电视节目是从哪儿来的呢？

首先，人们要制作节目，并把要传送的画面分解成许多像素。然后把这些明暗不等的像素通过发射塔的振荡器、调制器和放大器，变换成相应

黑白电视机

黑白电视机是只出现景物的亮度而不显示其颜色的电视系统，而彩色电视机的发、收端对红、绿、蓝三基色信号有不同的编码、解码方式。

的不同的电磁波信号并传送出去。这些信号在被电视机的接收天线接收后，电视机里的调谐器、音频检测器和视频解码器就会把它们还原成图像，显示在荧光屏上，并通过扩音器同步播放出声音。如此一来，观众就可以收看电视节目了。

随着科技的发展，电视机也在与时俱进：从最初的黑白电视机到彩色电视机，从彩色电视机再到数字电视机。目前电视机已进入了数字化时代。

■ 等离子电视

保护眼睛的电视

等离子电视又称壁挂式电视，是新一代电视，由等离子显示屏、分立音箱和信号处理器构成。它是在两片薄玻璃板之间充填惰性气体，与空气隔离，在

其内施加电压使之产生等离子体，然后使等离子体放电，与基板中的荧光粉发生反应，使之发光，继而产生彩色图像。与传统的电视机相比较，它具有机身薄、屏幕大、质量小、不受磁力和磁场干扰、色彩鲜艳、画面清晰、失真小、节省空间等优点。

普通电视机在画面切换时，会出现画面晃动现象。因此，长时间观看电视会造成视觉疲劳，对视力损害较大。等离子电视机则完全消除了画面晃动现象，且清晰度高，避免了普通电视机危害人体健康的缺点。

■ 液晶电视

长寿电视

液晶电视是指用液晶屏做显示器的电视机。

液晶是一种介于固态和液态之间，具有规则性分子排列的有机化合物。它受热会呈现透明状的液体状态，遇冷则会呈现结晶颗粒的混浊固体状态。而液晶电视是在两张玻璃之

> **【百科链接】**
>
> **等离子体：**
> 由正离子、自由电子组成的物体，是物质的高温电离状态，不带电，导电性很强。

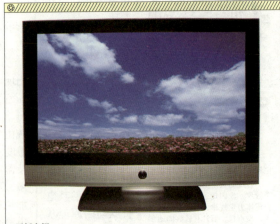

平板电视

相对于传统显像管电视机庞大的身躯而言，液晶电视和等离子电视体现了电视机超薄、超轻的发展趋势，故被称为平板电视。

◆◇◆◇
▶ 交互式数字电视
▶ 指纹电子锁
▶ 家用机器人：住在家里的朋友

指纹：手指表皮上突起的纹线。由于人的遗传特性，人与人的指纹皆不相同。指纹有斗型、弓型和箕型3种基本类型。

>>>>>>>>>>
电子科技篇

指纹识别

由于人们每次捺印指纹的方位不完全一样，而着力点不同又会造成指纹不同程度的变形，因此，正确提取指纹特征和正确匹配，是指纹识别技术的关键，也是制作指纹电子锁的核心。

间的液晶内加入电压，通过分子排列变化及曲折变化再现画面，屏幕通过电子群的冲撞，制造画面并通过外部光线的透视反射来形成画面。

液晶电视屏幕由超过200万个红、绿、蓝三色液晶光阀组成，光阀在极低的电压驱动下被激活，位于液晶屏后的背光灯发出的光束即从液晶屏通过，产生分辨率极高的图像。同时，先进的电子控制技术使液晶光阀产生1677万种颜色变化，可还原真实的亮度、色彩度，再现自然纯真的画面。

液晶电视具有画面稳定、图像逼真、高亮度、高对比度、防反光、消除辐射、节省空间的特点，而且使用寿命超过5万小时。

■ 交互式数字电视

数字电视是从电视节目录制、播出到发射、接收，全部采用数字编码与数字传输技术的新一代电视。它具有抗干扰能力强、频率资源利用率高等优点，可提供优质的图像和更多的视频服务。而真正能使数字电视具备强大魅力的是交互式数字电视，它具有丰富的"互动"功能。

交互式数字电视的工作流程大致是：数字视频信号通过卫星、有线或普通屋顶天线从信

【百科链接】

解码：
用特定方法把数码还原成它所代表的内容，或将电脉冲信号转换成它所表示的信息、数据等的过程。

息机构发送给家庭，每个家庭再用机顶盒将接收的视频信号解码。而后，观众就可以利

用电话或电缆线路建立与信息机构的双向连接，通过电视直接对话。比如，通过电视可以询问广告产品与服务的详情，可以购物、游戏、上网及视频点播等。

■ 指纹电子锁

从理论上讲，全世界没有完全相同的两个指纹纹路，每个人的指纹都是唯一的，并且终生不变。

正因为指纹具有唯一性和稳定性，指纹技术应用才有了广阔的天地，如利用指纹图制造指纹电子锁等。只要将自己的指纹输入电子锁的指纹系统，开锁和上锁时，电子锁便会根据存储的用户指纹进行指纹识别。指纹系统最多可储存30个用户的指纹，且删除或修改都非常方便。因此，指纹电子锁广泛应用在生活与工作的各个方面。

■ 家用机器人

住在家里的朋友

家用机器人属于服务机器人，其中家用吸尘机器人融合了移动机器人技术和吸尘器技术，成为服务机器人领域中的一种新型高科技产品。2002年，丹麦iRobot

吸尘器机器人Roomba
Roomba是目前世界上销量最大、最商业化的家用机器人。它能避开障碍，自行设计行进路线，还能在电量不足时自动驶向充电座。

公司推出了吸尘器机器人Roomba，它能避开障碍，自动设计行进路线，还能在电量不足时自动驶向充电座。

2003年，日本三菱重工推出了一款叫牛若丸的家用机器人，它主要具备四大功能：保健功能、看护功能、看家功能及异常通报功能。由此看来，不久的未来，家用机器人将会真正成为我们"住在家中，与人共处的朋友"。

电子与通信

■ 从电报到电话

　　1832年，俄国外交家希林在电磁感应理论的启发下，制作出了用电流计指针偏转的变化来接收信息的电报机。

　　与此同时，美国画家塞缪尔·莫尔斯开始对这种新生的技术发生了兴趣。1839年，莫尔斯终于发明了一种专门的电报系统，称为莫尔斯电码。

　　虽然电报通信具有很低的时延，但这种通信的吞吐量依然很低。即时通信的时代需要促使了电话的诞生。

　　1876年，美国发明家、企业家、"电话之父"贝尔发明了电话，这是通信史上的另一项重大发明。

　　电话允许人们对声音数据进行编码，转化成电脉冲，然后沿着导线将电脉冲发送给另一端的扬声器。即通过麦克风将语音数据转化为电信号，而在另一端则通过扬声器将电信号转换成语音。由于它可以直接解释语音，即时传送语音数据，因此人们不需对莫尔斯电码进行编码和解码就可以完成通信。电话大大地提高了通信的吞吐量，也标志着即时通信时代的到来。

■ 程控电话

电信的重大变革

　　程控电话，指接入程控电话交换机的电话。程控电话具有接续速度快、业务功能多、声音清晰、质量可靠等优点。

　　程控电话交换机是由电子计算机控制的电话交换机，它利用电子计算机

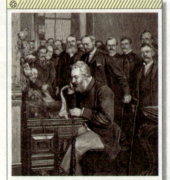
贝尔试验电话
　　1892年10月，从纽约到芝加哥的世界上第一条长途电话线路开通，电话的发明人贝尔第一个试音："喂，芝加哥！"这个历史性声音被记录了下来。

技术，用预先编好的程序来控制电话的接续工作。程控电话交换机是自动电话交换由机电方式向程控方式的演变，是20世纪电话通信的又一次重大变革。

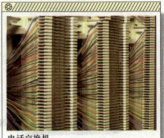
电话交换机
　　自从电话诞生以来，电话交换技术一直处于迅速的变革和发展之中。目前电话局所用的大型程控交换机用预先编好的电脑程序来控制电话的接续工作。程控电话具有接续速度快、业务功能多、声音清晰、质量可靠等优点。

　　1965年5月，美国贝尔系统的1号电子交换机问世，它是世界上第一部开通使用的程控电话交换机。它是空分式程控电话交换机。空分即用户拨打电话时，要占用一对线路或一个空间位置，直至打完电话。

　　随着电子器件、集成电路和电子计算机技术的发展，电话的数字化成为可能。1970年，法国开通了世界上第一部程控数字交换机，它采用的是时分复用技术和大规模集成电路。它是计算机和集成电路技术在通信领域的典型应用，使交换机真正走向成熟。之后，世界各国都开始大力开发程控电话。20世纪80年代，程控电话逐渐在世界上普及。

【百科链接】

交换机：
　　设在各电话用户之间，按通话人的要求接通电话的机器，分为人工和自动两类。

■ 移动电话

即时通信

移动电话，通常称为手机，是便携的、可以在较大范围内移动的电话终端。

目前绝大部分主流的移动通信服务提供商都采用蜂窝网络。简单地说，蜂窝网络就是把移动电话的服务区分为一个个正六边形的子区，每个小区设一个基站，它们的形状酷似蜂窝的结构。蜂窝网络又可分为模拟蜂窝网络和数字蜂窝网络，它们的主要区别在于传输信息的方式。

蜂窝网络主要由移动站、基站子系统和网络子系统三部分组成。移动站就是我们的网络终端设备，比如手机。基站子系统包括常见的移动机站、无线收发设备、专用网络（一般是光纤）和数字设备等。我们可以把基站子系统看作是无线网络与有线网络之间的转换站。网络子系统由移动交换中心和操作维护中心以及原地位置寄存器、访问位置寄存器、鉴权中心和设备标志寄存器等组成。

■ 蓝牙技术

蓝牙（Bluetooth）原是10世纪一位国王的名字，他将当时的瑞典、芬兰与丹麦统一了起

多功能手机
在当今信息化社会，手机是人们工作和交往必备的工具，其功能正在向生活的每一个领域渗透。

来。1998年5月，东芝、爱立信、通用机器公司（IBM）、英特尔（Intel）和诺基亚等几大移动通信设备公司共同提出了一种近距离无线数字通信的技术标准，有人提议称其为蓝牙，代表这种技术可以促进不同领域之间的协调工作，含有将四分五裂的局面统一起来的意思。

蓝牙可以支持设备的短距离（一般是10米之内）无线电通信，能在包括移动电话、掌上电脑、无线耳机、笔记本电脑、相关外设等众多设备之间进行无线信息交换。

蓝牙技术的优势在于：支持语音和数据传输；采用无线电技术，传输范围大，可穿透不同物质以及在物质间扩散；采用跳频展频技术，抗干扰性强，不易窃听；使用在各国都不受限制的频谱，且理论上不存在干扰问题；功耗低；成本低等。

蓝牙耳机
将蓝牙技术应用在免持耳机上，让使用者可以免除电线的牵绊，以各种方式自由轻松地通话。自从蓝牙耳机问世以来，一直是帮助商务族提升效率的好工具。

【百科链接】

基站：
指在一定的无线电覆盖区中，通过移动通信交换中心，与移动电话终端之间进行信息传递的无线电收发电台。

■ 传真机

远程通信

传真机的工作原理很简单，即先扫描即将需要发送的文件并转化为一系列黑白点信息，该信息再转化为声频信号并通过传统电话线进行传送。接收方的传真机"听到"信号后，会将相应的点信息打印出来，这样，接收方就会收到一份原发送文件的复印件。

热敏纸传真机的历史最长，价格比较便宜，现在使用的范围也最广，技术也相对成熟，但是缺点是功能单一、硬件设计简单、分页功能比较差。而喷墨或激光一体机最大的优点就是功能的多样性：除了普通的传真和复印功能，一体机都可以连接电脑进行打印和扫描的操作，有些也可以实现传真保存到电脑中的功能，只需安装相关软件即可。在菜单设计上，使用者可以很方便地设定一体机要传真稿件的各种参数，还可以实现彩色传真。另外，一体机可以自动一页一页地进纸，使得传真发送方便快捷。

传真机

随着网络技术的发展和成熟，传统的传真机正逐渐被新型的网络传真机取代。网络传真机是指不需要传真机，只要上网就可以收发传真的新型传真方式。在未来，它极有可能取代传统传真机而成为传真主流。

■ 微波通信

现代化的通信方式

微波是一种频率极高，波长很短——通常为1毫米至1米的电磁波。电信领域通常将使用5至20厘米的无线电电磁波通信的方式称为微波通信。

微波通信是现代化的重要通信手段之一。与其他通信方式相比，它具有许多优势：建设周期短，抗自然环境异常变化性能强，抗灾害性能强，不容易遭受人为性的破坏，对信息传输可靠性比较高，跨越山河比较方便。

【百科链接】

传真：

利用光电效应，通过有线电或无线电装置把照片、图表、书信、文件等的真迹传送到远方的通信方式。

那么，微波通信是如何完成的呢？以足球赛的实况转播为例：一般情况下，电视转播车在现场采集到的比赛实况信号会以微波中继的方式传送给电视台，经编辑处理后再经光线或微波中继方式传送给微波站。经编码设备处理后，它们就变成了数字信号，经分配设备分送给各线路的微波设备，最后再传送给各省电视台进行转播。这样，电视机前的球迷们就可以看到异地的比赛实况了。

微波塔

在微波传输过程中，由于地球曲面的影响及空间传输的损耗，每隔50千米左右就需要设置中继站，将电波放大转发。微波塔就是负责微波发送和接收的设备，一般建在地势较高的地方。

光缆接头
光缆通常由坚固的内部支持金属线、很多极细的光导纤维，以及强硬的外部覆盖物组成，是铜线的主要替代材料，比铜线的带宽容量更高，主要用于搭建千兆以太网主干等高速网络。

值得注意的是，微波频率很高，波长较短，绕射能力弱，所以信号的传输主要是利用微波在视线距离内的直线传播，即视距传播。微波通信要求两个微波站间是直通的，中间无任何阻挡，这样才能达到良好的传播效果。

■ 光导纤维

信息高速公路的"路面"

1870年，英国科学家丁达尔曾做过一个有趣的实验：让一股水流从玻璃容器的侧壁细口自由流出，再以一束细光束沿水平方向从开口处的正对面射入水中。结果，细光束并没有像预想的那样穿出水流射向空气，而是沿着水流弯弯曲曲地传播。这其实是光的全反射的结果。

人们根据这一原理制成了光导纤维：先将廉价的石英玻璃拉成直径只有几微米到几十微米的丝，再包上一层折射率比它小的玻璃等材料。这样，只要入射角满足一定的条件，光束就可以沿着光纤从这一端传到另一端，而不会在中途漏射。不过，一根光纤只能传送很小的光点，只有将多根光纤胶合在一起制成的光缆才能传播数以万计的信息。

光导纤维
光导纤维不仅质量轻、成本低、铺设方便，而且容量大、抗干扰、保密性强。因此，光缆正在取代铜线电缆，广泛地应用于通信、电视、广播、交通、军事、医疗等许多领域。

光缆和普通电缆相比，通信容量大、质量轻、耐腐蚀、不怕电子对抗，且保密性好、建设费用低、施工方便，还可节省大量有色金属。比如，20根光纤组成的像铅笔粗细的光缆，每天可处理7.6万人次通话的数据；而1800根铜线组成的像碗口粗细的电缆，每天却只能处理几千人次通话的数据。

目前，许多国家都将光缆作为长途通信干线，广泛地应用于通信、电视、广播、交通、军事、医疗等领域。

■ 光纤传感器

光纤传感器是最近几年出现的新技术，可以用来测量多种物理量，比如声场、电场、压力、温度、角速度、加速度等，还可以完成现有测量技术难以完成的测量任务。在狭小的空间里，在强电磁干扰和高电压的环境里，光纤传感器都显示出了独特的能力。目前，光纤传感器已经有七十多种，大致上分成光纤自身传感器和利用光纤的传感器。

所谓光纤自身传感器，就是光纤自身直接接收外界的被测量。光纤声传感器就是其中最常见的一种。当光纤受到一点很微小的外力作用时，就会产生微弯曲，其传光能力会发生很大变化。而声音是一种机械波，它对光纤的作用就是使光纤受力并产生弯曲，通过光纤弯曲对光的传播的影响就能够检测出声音的强弱。

光纤陀螺也是光纤自身传感器的一种。与激光陀螺相比，光纤陀螺灵敏度高、体积小、成本低，适用于飞机、舰船、导弹等的高性能惯性导航系统。

【百科链接】

加速度：
速度的变化量与发生这种变化所用的时间的比值，即单位时间内速度的变化。

■ 神通广大的卫星通信

卫星通信是20世纪最伟大的科学成就之一，对整个人类社会的发展和进步都产生了极为深刻的影响。

通信卫星一般采用地球静止轨道，这就使地面接收站的工作方便多了。

地球静止轨道通信卫星也存在不足之处：地球静止轨道只有一条，现在已是星满为患；卫星距离地面过高，信号经过传输路程的损耗，到达地面时已经很微弱，还会产生信号的延迟和回声干扰现象。

为了克服上述种种不足，近几年又兴起了低轨道通信卫星热。通常，这种卫星在距地球表面不同高度，但低于地球同步卫星轨道的空间中运行。不过，低轨道卫星信号覆盖地面面积小，必须使用多颗卫星组成星座才能进行全球通信。

目前，世界各国发射升空的通信卫星大都是为了单一目的而设计的小型卫星，应用范围窄，功能单一，寿命有限。早期发射的通信卫星寿命较短，现在的通信卫星的设计寿命则为5至10年。尽管如此，这样的寿命也极不合算。因为在卫星升入太空以后，燃料无法得到补充，一旦燃料用尽，人们只能眼睁睁地看着那些卫星随意飘移，沦为太空垃圾。如今，在地球同步轨道上，已经挤满了各种各样的通信卫星。对于那些失去通信能力、如同废物的通信卫星，人们还得想方设法地将它们"赶"出同步轨道，以便将宝贵的位置让给新卫星。

卫星信号接收器

卫星信号接收器的作用是收集由卫星传来的信号，尽可能去除杂乱信息。接收器大多呈抛物面形，信号通过抛物面的反射后集中到中心的焦点处。

因此，人们试图研制更为经济的承载方式。空间通信平台的问世将使上述问题迎刃而解。空间通信平台是一种大型的航天器，相当于把许多普通通信卫星上的各种仪器、设备集中在一起而构成的一个多功能的通信卫星。它的最大优点是可以通过不断地补充燃料，维修上面的各种仪器、设备，保持较长的使用寿命。

由于在空间通信平台上安装了对接位置，而且它的质量和尺寸均不受限制，因此人们可以通过航天飞机、宇宙飞船和太空工作站向空间通信平台随时补给燃料或化学电池，修理或更换已经损坏或老化的部件，并可安装新的仪器设备，延长航天器的使用寿命，并最终使其成为永久性的空间通信工作站。目前，这一宏伟的工程已经付诸实施。

人造卫星的利用

利用卫星通信不仅可以转播电视节目，还可以通长途可视电话、召开电视会议，其优点是通信质量好、干扰小、容量大。

《 百科链接 》

通信卫星：

用于通信目的的人造地球卫星，可接收和转发中继信号，进行地面站之间或地面站与航天器之间的通信。

走进电脑时代

计算机的发明

20世纪的奇迹

1642年，法国科学家帕斯卡研制出世界上公认的第一台齿轮式计算机。这台计算机利用齿轮转动原理，可进行六位数以内的加减法运算。

20世纪以后，德国、美国、英国几乎同时开始了机电式计算机和电子计算机的研究，美国和德国都制成了继电器计算机。不过，继电器的开关速度大约为百分之一秒，致使计算机的运算速度受到很大限制。

1946年2月，美国物理学家莫克利和埃克特制造出了能进行各种科学计算的通用计算机——大型电子数字积分计算机（ENIAC）。它完全采用电子线路执行算术运算、逻辑运算和信息存储，其运算速度比继电器计算机快1000倍。这就是人们常说的世界上第一台电子计算机。它使用了18800个电子管，重达30吨，耗电150瓦，真可谓庞然大物。但它每秒可进行5000次加法或减法运算，把科学工作者从奴隶般的计算工作中解放了出来，堪称20世纪的一大奇迹。

德国数学家莱布尼兹
莱布尼兹是17至18世纪德国最重要的数学家、物理学家和哲学家，和牛顿同为微积分的创建人。他在1672至1676年创建了二进制，奠定了电子计算机技术的基础。

至今，人们仍然认为，ENIAC的问世标志着电子数字计算机时代的到来，具有划时代的伟大意义。

计算机的二进制运算

计算机内部的信息是以二进制编码的形式表示和存储的。我们熟悉的十进制有0到9十个数字，二进制则只有两个数字，记为0、1。在十进制中，逢0进一；在二进制中，逢2进一。

计算机是由电子元器件构成的，而在电子元器件中最易实现的是二进制。二进制只有两个数字，用两种稳定的物理状态——开关的接通与断开即可表达，而且稳定可靠。二进制中的简单加法是最基本的运算，减法是加法的逆运算，乘法是连加，除法是乘法的逆运算。其余任何复杂的数值计算也都可以分解为基本算术运算复合进行。

二进制主要的弱点是表示同样大小的数值时，其位数比十进制或其他数制多得多，难写难记。但这个弱点对计算机而言并不成问题。在计算机

世界上第一台电子计算机 ENIAC
虽然ENIAC体积庞大，耗电惊人，但它比当时已有的计算装置要快1000倍，而且还可以按编好的程序自动执行运算和存储数据的功能，可以说，它宣告了一个新时代的到来。

【百科链接】
电子管：
一种电子器件，在密闭的玻璃管或金属管内，通过利用和控制电子在真空或稀薄气体中的运动进行工作。

中每个存储记忆元件（比如由晶体管组成的触发器）可以代表一位数字，"记忆"是它们本身的属性，不存在"记不住"的问题。至于位数多，只要多排列一些记忆元件就解决了，集成电路芯片上元件的集成度极高，在体积上不存在问题。因此，对于计算机而言，二进制仍是目前最适合的编码形式。

■ 可穿戴的计算机

近年来科学家们正在想方设法改进技术，以使计算机可以"穿戴上身"。美国已经研制出火柴盒大小的主机，和真正的主机一样具有处理器、存储器和接口；而英国正在研制软式"计算机衣服"；我国则在改进微型显示器技术，增强显示效果。

【百科链接】

接口：
两个不同的系统或一个系统中两个特性不同的部分相互连接的部分，通常分为硬件接口和软件接口。

现在的可穿戴机已经做到衣服内部，使用计算机就如同穿衣服。有的可穿戴机甚至被做到手表、背包、戒指、发卡等人们随身佩戴的小饰品中。

手腕电脑
这种戴在手腕上的微型电脑不仅携带使用方便，而且外形小巧美观，相信不久就会成为时尚人士必不可少的潮流装备。

可穿戴机的网络是随身走的，即使在没有网络的地方也可以与其他人联系。普通计算机上网的弊端，在于网络中心故障会导致所有网上机器瘫痪。

穿戴机则不同，它不需要主干网，每台机器都是自己的中心网，出现问题可以自组网络。比如说，10个身着可穿戴机的巡堤人员，可以将记录、拍摄到的语言、文字、图像传到指挥中心，中心下指示后可随时处理险情。而即使指挥中心坏掉了，也不会影响10个人之间的联络，他们可以再自行组网，形成一个"多跳网"，由A将信息传到B，再由B传到C……通过各机间的"跳"获得信息，而且这种"跳"是在瞬间完成的，不会影响传递的速度。

微型芯片
芯片是电脑基本电路元件的载体，它的尺寸越小，电脑的体积就越小。它装置的晶体管等元件越多，电脑的功能就越先进。体积更小、容量更大、速度更快是芯片技术追求的目标。

■ 纳米计算机

现代计算机所用的芯片是以半导体硅为基本材质而构成的大规模集成电路。商品化大规模集成电路上元器件的尺寸约为0.35微米，称为微电子器件。而纳米计算机的基本元器件尺寸在几纳米到几十纳米范围内。

长期以来，科学家们一直在研究以不同的原理实现纳米级计算，目前提出了四种不同的工作机制，它们有可能发展成为未来纳米计算机技术的基础。这四种工作机制是：电子式纳米计算技术、基于生物化学物质与基于DNA的纳米计算机、机械式纳米计算机、量子波相干计算机。

目前，美国科学家已经成功地将碳纳米管植入硅芯片中，并尝试用这种纳米晶体管来制作纳米计算机。他们估计纳米计算机的运算速度将是现在的硅芯片计算机的1.5万倍，而且耗费的能量也要减少很多。这项研究的成功，意味着人类朝着制作超快速纳米计算机的方向前进了一步。

■ 光计算机

人机交际

光计算机又称光脑，是由光代替电子或电流，实现高速处理大容量信息的计算机。

1990年1月底，贝尔实验室制成了第一台光计算机，尽管只能用来计算，但它毕竟是光计算机领域的一大突破。

现有的计算机是由电子来传递和处理信息的。电场在导线中传播的速度虽然比人们使用的任何运载工具速度都快，但是，要发展高速率的计算机，采用电子做输运信息载体还不够快。

而光计算机利用光子取代电子，通过光纤进行数据运算、传输和存储，其运算速度比现在的计算机至少快1000倍，存储容量比现在的计算机大百万倍。光计算机能识别和合成语言、图画和手势；能学习文字，连潦草的手写文字都能辨认，在遇到错误的文字时，还能"联想"出正确的字形；还可以很容易地实现并行处理信息，因而具有更高的运算速度。

电子计算机中的电子是沿固定线路流动的。光计算机却不存在固定线路问题，因为光束不需要导体，它利用反射镜、棱镜和分光镜

等，可以随意控制和改变信息传递方向，可以相互交叉而不损失信息。而且，电子会使计算机发热，而光子计算机能量消耗少，散发热量低，是一种节能型产品。

光计算机的出现，将使21世纪成为人机交际的时代。

【百科链接】

光子：
构成光的粒子，静止质量为零，具有一定的能量。

■ 神经电脑

人脑有140亿个神经元，每个神经元都相当于一台微型电脑。人脑总体运行速度相当于每秒1000万亿次的电脑运算。如果用许多微处理机模仿人的神经元结构，采用大量的并行分布式网络，就可以构成神经电脑。

神经电脑还有类似神经的节点，每个节点与许多节点相连。若把每一步运算分配给每台微处理机，它们同时运算，其信息处理速度和智能会大大提高。若有节点断裂，这种电脑仍可重建它的资料，所以神经电脑具有修复性、强壮性。还有，神经电脑的信息是存储在神经元之间的联络网中，若有节点断裂，电脑仍有重建资料的能力，所以具有高超的联想记忆能力及视觉和声音的识别能力。

神经电脑将会有更为广泛的应用：完成识别文字、符号、图形、语言以及声呐和雷达收到的信号，判读支票等；实现知识处理，如对市场进行估计，进行顾客情况分析、新产品分析以及进行医学诊断等；进行运动控制，如控制智能机器人，实现汽车自动驾驶和飞行器的自动驾驶等；在军事上，用来发现、识别来犯之敌，判定攻击目标，进行智能决策和智能指挥等。

可以说，神经电脑的发展前途是不可估量的，其研究也在不断的创新中前进。

人体神经元模型
在科技发展日新月异的今天，用电脑芯片模拟大脑神经元储存信息也许很快就能实现了。

■ 互联网

信息穿梭的高速公路

互联网即将计算机按照一定的通信协议组成的国际计算机网络。通过互联网，人们可以与远在千里之外的朋友相互发送邮件、共同完成工作、共同娱乐。

计算机网络一般由服务器、工作站、外围设备和通信协议组成。

服务器是整个网络的核心，是一种高性能计算机，能存储、处理网络上80%的数据信息，因此被称为网络的灵魂。服务器就像是电话局的交换机，我们打电话时必须通过交换机才能到达目标电话。同样道理，我们使用计算机与外界沟通时，必须经过服务器。

工作站，又称客户机，是指连接到网络上的计算机，它的接入和离开对网络系统不会产生影响。

外围设备是连接服务器与工作站的一些连线或连接设备，如双绞线、集线器、交换机等。

通信协议是指通信系统中规定的一个统一的通信标准，在通信实体之间大家都能接受的一种协定。

■ 互联网上的WWW

WWW（World Wide Web），中文译为万维网，又称Web。它最早是由欧洲量子物理实验室所开发出来的多媒体资讯查询系统。1993年，WWW技术有了突破性的进展，成为互联网上最为流行的信息传播方式。

通过万维网，用户只需借助于浏览器软件，在地址栏里输入所要查看的页面地址，就可以连接到该地址所指向的

WWW服务器，从中查找所需的图文信息。由于用户在通过浏览器访问信息资源的过程中无须关心技术性的细节，而且界面非常友好，因而WWW得到了迅猛的发展。它具有多媒体集成功能，能提供具有声音和动画的界面与服务。

万维网
万维网是人类历史上最深远、最广泛的传播媒介，它使地球上不同时空的人得以相互联系，大量的资源和信息得以在全球范围内共享。它的出现已经并且仍在改变人类固有的生活方式。

■ 方便快捷的电子邮件

电子邮件是一种用电子手段提供信息交换的通信方式，是互联网上应用最广的服务。通过网络的电子邮件系统，用户可以用低廉的价格，以快速的方式，与世界上任何一个角落的用户联系。这些电子邮件可以是文字、图像、声音等各种形式。

电子邮件的工作过程遵循客户—服务器模式。电子邮件的发送方构成客户端，而接收方是含有众多用户的电子信箱。服务器发送方通过邮件程序，将邮件向服务器发送。服务器将消息存放在接收者的电子信箱内，并告知接收者有新邮件到来。接收者连接到服务器后，打开自己的电子信箱就可查收邮件了。所以，电子邮件是可以一对多发送的。

电子邮件
由于具有使用简易、投递迅速、收费低廉、易于保存、全球畅通等优点，电子邮件得到广泛应用。它的出现使人们的交流方式发生了极大的改变。

■ 信息检索

一点即出

互联网方便了我们的生活，而面对海量的信息，我们该如何迅速找到我们所需要的信息呢？这就需要信息检索工具的帮忙了。网页是互联网最主要的组成部分，也是人们获取网络信息的最主要的来源。为了方便人们在大量繁杂的网页中找寻信息，搜索引擎成为发展最快的检索工具。搜索引擎是指根据一定的策略、运用特定的计算机程序搜集互联网上的信息，在对信息进行组织和处理后，为用户提供检索服务的系统。搜索引擎提供了一个包含搜索框的页面，在搜索框输入词语，通过浏览器提交给搜索引擎后，搜索引擎就会返回跟用户输入的内容相关的信息列表。目前应用最广的搜索引擎有百度、谷歌等。

■ 电子商务

不见面的交易

电子商务通常是指在全球各地广泛的商业贸易活动中，在互联网开放的网络环境下，基于浏览器与服务器应用方式，买卖双方不必见面而进行各种商贸活动，实现消费者与商户之间的网上交易和相关的综合服务活动的一种新型的商业运营模式。

互联网上的电子商务可以分为三个方面：信息服务、交易和支付。互联网本身所具有的开放性、全球性、低成本、高效率等特点，也成为电子商务的内在特征。以互联

网上购物

电子商务不仅能够使企业便捷、低成本地进入全球市场，也能够使拥有一台联网计算机和信用卡的消费者成为全球的消费者。

网为依托的电子技术平台为传统商务活动提供了一个无比宽阔的发展空间，其突出的优越性是传统媒介手段根本无法比拟的。

网上聊天

网上聊天已经成为互联网服务的一个重要部分。人们在与素未谋面、只以匿名昵称示人的网友聊天时，往往能真正放松自己，敞开心扉，尽情地与陌生人分享自己的心情和思想。

■ 网上聊天

实时通信

实时通信（IM）是网络聊天的实现方式，这是一种可以让使用者在网络上建立某种私人聊天室的实时通信服务。大部分的即时通信服务提供了状态信息的特性——显示联络人名单，联络人是否在线以及能否与联络人交谈等。

通常，IM服务会在使用者通话清单上的某人联上IM时，发出信息通知使用者，使用者便可据此与此人通过互联网进行实时的IM文字通信。此外，在频宽充足的前提下，大部分IM服务也提供视频通信服务。

【 百科链接 】

关键词：

检索资料时针对所查内容中必须有的词语，在网络上的搜索引擎中检索信息都是通过输入关键词来实现的。

硬件：电子计算机系统中所有实体部件和设备的统称。电脑硬件基本可分为五大部分：运算器、存储器、控制器、输入设备、输出设备等。

▷ 网络游戏
▷ 电脑病毒：随着网络蔓延
▷ 令人头疼的垃圾邮件

■ 网络游戏

第一代网络游戏诞生于1969—1977年。由于当时的计算机硬件和软件尚无统一的技术标准，因此第一代网络游戏的平台、操作系统和语言各不相同。而且，机器重启后游戏的相关信息即会丢失，因此无法模拟一个持续发展的世界。

伴随着计算机硬件水平的不断提高和网络的不断完善，时至今日，网络游戏的技术已大为提高，越来越多的人开始喜欢网络游戏，这也促使很多的专业游戏开发商和发行商介入网络游戏——一个规模庞大、分工明确的产业生态环境最终形成。网络游戏不再依托于单一的服务商和服务平台而存在，而是直接接入互联网，在全球范围内形成了一个大一统的市场。

■ 电脑病毒

随着网络蔓延

电脑虽用途广泛，但也给人类带来了一些新的烦恼，比如计算机病毒。计算机病毒是一种程序，一段可执行码。这种程序既有破坏性，又有传染性和潜伏性，轻则影响机器的运行速度，重则损坏整个操作系统或电脑硬盘，使机器陷于瘫痪，给用户带来不可估量的损失。

就像生物病毒一样，计算机病毒有着非常强的复制能力——它们能附着在各类文件上，当文件被复制或从一个用户传送到另一个用户时，它们就随同文件一起蔓延开来。令人头疼的是，计算机病毒很难根除。要想预防病毒的侵害，应该在计算机上安装正版杀毒软件，定

电脑"生病"了（漫画）

电脑病毒是一种可以自我复制的程序，电脑感染病毒后，轻则运行速度受影响，重则整个操作系统或电脑硬盘受损，甚至陷于瘫痪。

期进行病毒扫描，定期对杀毒软件进行升级。

■ 令人头疼的垃圾邮件

一般来说，凡是未经用户许可就强行发送到用户的邮箱中的任何电子邮件，都可称之为垃圾邮件。

垃圾邮件一般具有批量发送的特征，内容包括赚钱信息、成人广告、商业或个人网站广告、电子杂志、连环信等。垃圾邮件可以分为良性和恶性的：良性垃圾邮件是各种宣传广告等对收件人影响不大的信息邮件，恶性垃圾邮件是指具有破坏性的电子邮件。现在，多个国家已立法，试图杜绝垃圾邮件。不少网络服务供应商的服务政策也包含有反垃圾邮件的内容，并设立了接受投诉的电邮地址。还有一些网上团体提供邮件分析及代客投诉的服务。

"熊猫烧香"病毒

"熊猫烧香"病毒出现于2007年，是一种蠕虫病毒的变种，中毒电脑的可执行文件会出现"熊猫烧香"的图案。用户电脑中毒后可能会出现蓝屏、频繁重启以及系统数据文件被破坏等现象。

【百科链接】

ISP：

互联网服务供应商（Internet Service Provider），即向广大用户综合提供互联网接入业务、信息业务和增值业务的电信运营商。

Part3
生物技术篇

细胞：生物体结构和功能的基本单位，形状多种多样，主要由细胞核、细胞质、细胞膜等构成。植物的细胞膜外面还有细胞壁。细胞有运动、营养和繁殖等功能。

发现细胞的人
细胞的形态和组成

生命的基本单位——细胞

■ 发现细胞的人

世界上第一个发现细胞的人是英国科学家罗伯特·胡克。1669年，他用自制的显微镜观察到软木塞中含有一个个小室，并使用"细孔"和"细胞"来定义这些小室。实际上，胡克看到的是死亡的植物细胞。

真正首先发现活细胞的是荷兰生物学家列文·虎克。1677年，虎克首次描述了他用放大镜观察到的单细胞生物，并把这些生物称为"animalcules"（非常微小的动物）。

19世纪中期，德国动物学家施旺（1810~1882）进一步发现动物细胞里有细胞核，核的周围有液状物质，细胞外圈还有一层膜，却没有细胞壁。因此，他认为细胞的主要部分是细胞核而非外圈的细胞壁。

同一时期，德国植物学家施莱登（1804~1881）以植物为材料，获得与施旺相同的研究结论。他们都认为"动植物皆由细胞及细胞的衍生物所构成"，这就是细胞学说的基础。

细胞学说的建立有力地推动了生物学的发展，为辩证唯物论提供了重要的自然科学依据。

■ 细胞的形态和组成

细胞有各种形状，如椭圆形、柱形、梭形和树枝形等。即便在同一个生物体内，也有因分化而产生的各式各样外观与功能不同的细胞；哪怕细胞的种类相同，它们执行的生理工作也可能

有差异。在光学显微镜下，细胞通常分为细胞膜、细胞核和细胞质三部分，植物细胞的细胞膜外另有一层细胞壁。细胞膜指紧贴在细胞质外面的一层薄膜，有控制细胞内外物质交换的作用；细胞核位于细胞中央，形状多为球形或椭圆形，由核酸、核蛋白等构成，是细胞内遗传物质分布的主要场所；细胞质位于细胞核和细胞膜之间，包括无色透明的胶状物质和各种细胞器；细胞壁专指植物外围的一层厚壁，包在细胞膜的外面，由纤维素构成。

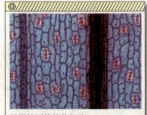

显微镜下的植物细胞

植物细胞与动物细胞最大的区别是植物细胞外面有一层坚硬的细胞壁。细胞壁保护着原生质体，并且使细胞维持一定形状。

按有无成形的细胞核来分类，细胞可分为两类，即原核细胞和真核细胞。原核细胞即没有成形的细胞核的细胞，一般构成原核生物，如细菌等；真核细胞即有成形的细胞核的细胞，通常构成真核生物。除原核生物外的所有具有细胞结构的生物都是真核生物，大多为多细胞生物，如高等植物与高等动物。而由一个细胞构成的微生物以及原生动物等被称为单细胞生物。

【百科链接】

细胞器：

细胞质中由原生质分化而成的、具有一定结构和功能的小器官，如线粒体、叶绿体等。

列文·虎克

列文·虎克是第一个用放大镜看到细菌和原生动物的人，他的发明与研究对18世纪和19世纪初期细菌学和原生动物学研究的发展起到了奠基作用。

▶ 细胞的分裂与分化
▶ 细胞的癌变

电离辐射：一切能引起物质电离的辐射的总称。电离辐射种类很多，如高速带电粒子有 α 粒子、β 粒子、质子，不带电粒子有中子以及X射线、γ射线。

>>>>>>>>>>>>

生物技术篇

■ 细胞的分裂与分化

细胞的分裂是指一个细胞变成两个，但细胞还是原来的细胞，种类一样；细胞的分化是指细胞变成了不同种类的细胞。

生物体的长大主要是通过细胞分裂使细胞数量增加而实现的，同时细胞也在不断更新、生长和分化。分裂前的细胞称母细胞，分裂后形成的新细胞称子细胞。细胞分裂通常包括核分裂和胞质分裂两步。在核分裂过程中，母细胞把遗传物质传给子细胞。在单细胞生物中，细胞分裂就是个体的繁殖；在多细胞生物中，细胞分裂是个体生长、发育和繁殖的基础。

细胞分化是同一来源的细胞逐渐产生各自特有的形态结构、生理功能和生化特征的过程。细胞分化的结果是细胞状态和之前产生差异，分化后功能不同的细胞在分布上也不相同。

值得一提的是，细胞的分裂与分化过程是密不可分的，细胞分裂是细胞分化的基础和前提。

■ 细胞的癌变

肿瘤是一种非遗传的基因病，它是指细胞在致瘤因素作用下，基因发生了突变，失去对其生长的正常调控功能，导致异常增生。一般来说，肿瘤分为良性和恶性两类。

恶性肿瘤又称癌症，是目前对人类健康危害最严重的一类疾病。在全球范围内，癌症每年夺去大约600万人的生命，并把1000万人置于死亡边缘。研究发现，癌症与细胞的癌变有关，因此，近年来，关于细胞癌变的研究已经成为细胞生物学的重要课题。

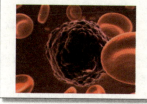

癌细胞（中）与红细胞

在个体发育过程中，有的细胞受到致癌因子的作用，不能正常地完成细胞分化，而变成了不受有机体控制、连续进行分裂的恶性增殖细胞，这就是癌细胞。

细胞的癌变一般是细胞在物理、化学或病毒等致癌因子的作用下发生基因突变的结果。引起细胞癌变的致癌因子很多，通常有物理的电离辐射、X射线、紫外线，化学的砷、苯、煤焦油等，以及150多种肿瘤病毒。细胞癌变后会形成癌细胞。癌细胞生长迅速，并可迁移到身体其他部位，还会产生有害物质，破坏正常器官结构，使机体功能失调，威胁生命。

【百科链接】

遗传：
生物体的构造和生理机能等由上代传给下代的过程，一般指亲代与子代之间、子代个体之间相似的现象。

值得注意的是，细胞癌变后并不会马上发展为肿瘤，需在促癌因子作用下才会开始自我增殖，否则只是进入潜伏期。所以，假如人类能够有效应对与外界致癌物质的接触过程，阻止细胞癌变的发生，也许就能在很大程度上预防和治疗癌症。

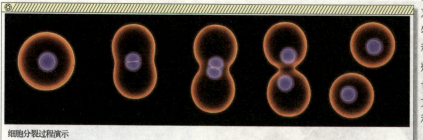

细胞分裂过程演示

在单细胞生物中，细胞分裂就是个体的繁殖；而在多细胞生物中，细胞分裂是个体生长、发育和繁殖的基础。

分子生物学

■ 糖类

能量仓库

糖类，又称碳水化合物，是自然界存在最多的生物界四大基础物质（水、蛋白质、脂类、糖类）之一，也是自然界最丰富的有机物。它还是一切生物体用来产生与储存能量的，以维持生命活动的主要能源物质。它是人类膳食中供给热量的主要部分，一般占摄入食物总量的40%～60%。因此，糖类被称为"能量仓库"。

糖类还是生物代谢反应的重要中间代谢物，是机体主要物质的组成成分。例如，人体内的糖蛋白、核糖、糖脂等都有糖参与组成：糖蛋白是构成细胞膜的成分之一；核糖核酸和脱氧核糖核酸分别参与RNA和DNA的构成，而DNA和RNA是机体主要的遗传信息载体；糖脂是构成神经组织和生物膜的主要成分。由此可见，糖类是构成人体必不可少的原料。

值得注意的是，由于糖类广泛应用于食品加工业，因此，越来越多的食品中含有糖，如甜饮料、甜点心及甜果品。经常食用这些食品，人们就容易在不知不觉中摄入过多的糖过多的糖不仅会导致人体营养不足与肥胖，还易导致骨折与癌症，使人缩短寿命等。

富含脂肪的坚果
植物油是我们身体所需脂肪的主要来源，而绝大部分植物油是用机械压榨及化学溶解的办法从花生、大豆、葵花子等植物的种子中提取出来的。

■ 脂类

能量中转站

脂类是脂肪和类脂的总称。脂肪是脂肪酸和甘油的化合物，是生物体内储存能量的主要物质。绿色植物通过光合作用，光能以化学能的形式储存在糖、脂肪等有机物中；而动物是通过摄入食物来储存能量。之后，生物体通过呼吸作用分解体内有机物，并释放其中的能量，用于各项生命活动。脂肪主要用于供给能量。例如，1克脂肪在体内完全氧化时可释放出38千焦的热量，比1克糖或蛋白质所释放出的能量多2倍以上。脂肪组织是体内专门用于储存脂肪的组织，当机体需要时，脂肪组织中储存的脂肪可分解供给机体能量。脂肪组织还可起到保持体温、保护内脏器官的作用。富含脂肪的食物有肥肉、猪油、牛油、植物油等。

类脂主要有磷脂、糖脂、胆固醇及胆固醇酯等。它是细胞膜结构的基本原

诱人的甜点
这些漂亮美味的甜点都含有大量的糖，如果吃得太多，就会变成脂肪在人体内囤积下来，导致肥胖。

【百科链接】

新陈代谢：
生物体不断地从外界取得生命必需的物质，将其变成自身物质，并将体内产生的废物排出体外的过程。

▶ 蛋白质：生命的奥秘　　　酶：生物体内细胞产生的一种生物催化剂。酶主要由蛋白质组成，并能
▶ 氨基酸：生命的标志　　　在一定条件下催化各种生物化学反应，促进生物体的新陈代谢。

>>>>>>>>>>>>
生物技术篇

料，约占细胞膜质量的50%——细胞的各种膜主要是由类脂与蛋白质结合而成的脂蛋白构成的。胆固醇在体内还可转化为胆盐、维生素D_3、类固醇等。磷脂和胆固醇都是血浆蛋白的成分，参与脂肪的运输。

■ 蛋白质

生命的奥秘

蛋白质是由碳、氢、氧和氮元素组成的天然高分子化合物。它是生命的物质基础，是构成生物机体（包括肌肉、内脏、皮肤、骨骼、毛发等）的主要成分，也是生物体内调节新陈代谢、生物化学反应的生物催化剂——酶和某些激素的主要成分。蛋白质还具有调节遗传物质——核酸，运送氧气、物质和能量的功能。可以说，蛋白质几乎参与了所有的生命活动过程，没有蛋白质就没有生命。我们身体中除去水分后，剩下的物质中约60%是蛋白质。

蛋白质的基本组成单位是氨基酸。目前发现的构成蛋白质的氨基酸有22种。其中有8种是人体内不能合成或合成速度不能满足机体的需要，必须从膳食中补充的氨基酸，称为必需氨基酸（EAa）。人体可以用葡萄糖或其他矿物质来源制造其他14种非必需氨基酸。

大多数食品中都含有蛋白质。例如，大豆中蛋白质含量达35%～45%，比其他豆类都多。动物肌肉及结缔组织（如肌腱、筋、软骨等）也富含蛋白质。

■ 氨基酸

生命的标志

基本氨基酸是组成生命体中的蛋白质的主要单元，能够分别组合产生千百万种不同的蛋白质，继而形成了

生命的多样性和复杂性。因此，氨基酸被称为生命的标志。

由于氨基酸分子既含氨基（碱性）又含羧基（酸性），因此大多数氨基酸都呈不同程度的碱性或酸性，呈中性的较少。所以，氨基酸既能与酸结合成盐，也能与碱结合成盐。常温下，氨基酸为无色结晶体，外形像味精、砂糖等，能溶于强酸和强碱溶液中。根据氨基酸的这些特性，人们可以分析出蛋白质里所含的氨基酸的数量和种类，并测定蛋白质中各种氨基酸的排列顺序。

氨基酸与生物的生命活动有着密切的关系，它在生物的抗体内具有特殊的生理功能，是生物体内不可缺少的营养成分之一。而它在工业和医药上也应用广泛。例如，由多种氨基酸组成的复方制剂在现代静脉营养输液以及要素饮食疗法中占有非常重要的地位，对维持危重病人的生理机能、抢救患者生命起到了重要的作用，成为现代医疗中不可缺少的医药品种之一。

大豆及大豆制品
　　大豆是蛋白质含量最高的种植作物，其蛋白质含量比牛奶、鸡蛋和猪瘦肉还要高，而且大豆蛋白质的品质较好，是人类所需的优质蛋白质的重要来源之一。

【百科链接】
中性：
　　化学上指既不呈酸性也不呈碱性的性质。

鸡蛋
　　鸡蛋中含有丰富的蛋白质和氨基酸，尤其是人体必需的蛋氨酸含量特别高，而谷类和豆类都缺乏这种氨基酸。蛋氨酸是唯一含有硫的必需氨基酸，与生物体内各种含硫化合物的代谢密切相关。

■ 基因

生命的密码

基因是指携带有遗传信息的DNA或RNA序列，也称为遗传因子，是控制生物性状的基本遗传单位。基因通过指导蛋白质的合成来表达自己所携带的遗传信息，从而控制生物个体的性状表现。基因有两个特点：一是能忠实地复制自己，以保持生物的基本特征；二是能够突变，绝大多数的突变会导致疾病，也有一小部分是非致病突变。非致病突变为自然选择提供了原始材料，使生物有可能产生适应性最强的个体。

对基因的结构、功能、重组、突变以及基因表达的调控和相互作用的研究，始终是遗传学研究的中心课题。

■ 基因重组

生物圈繁荣的基础

基因重组指的是DNA链发生断裂和连接，产生了DNA片段的交换和重新组合，形成新的DNA分子的过程。基因重组其实是所有生物都可能发生的基本的遗传现象。无论在高等生物体内，还是在细菌、病毒中，都存在基因重组；不仅在细胞减数分裂产生配子的过程中会发生基因重组，在高等生物的体细胞中也会发生基因重组；它不仅可以发生在细胞核内的基因之间，还可以发生在线

无籽西瓜

无籽西瓜是使用人工方式诱发西瓜基因突变，致使染色体数目变异的结果。

粒体和叶绿体的基因之间。可以说，只要有DNA，就可能发生重组。

基因重组是杂交育种的生物学基础，对生物圈的繁盛起着重要作用。

■ 基因突变

突然发生的改变

基因突变就是一个基因内部可以遗传的物质发生改变。它是生物进化的重要因素之一。

基因突变是不需要经过中间过渡而突然出现的，而且一旦产生，便可能一代代遗传下去。它的出现既可能给生物带来好处，也可能带来坏处。如果突变给机体带来了某种有利的因素，那么，这个变异了的个体适应环境的能力就会增强，成活的可能性就比较大，而且极有可能将突变的性状遗传给后代。反之，出现有害突变的个体常常会因为不适应生存环境而绝种。

科学家发现，生物体内有一些化学物质在某些条件作用下会引起生物体的突变。1927年，美国遗传学家穆勒发现，用X射线照射果蝇精子，后代发生突变的个体数会大大增加。

DNA的双螺旋结构

DNA是脱氧核糖核酸的英文缩写，是生物染色体的主要化学成分，也是组成基因的材料。DNA分子由核苷酸组成，呈双螺旋的链状结构。人的DNA共有30亿个遗传密码，排列组合约2.5万个基因。

【百科链接】

配子：

生物体进行有性生殖时所产生的性细胞。雌雄两性的配子融合后形成合子。

今天人们熟知的无籽西瓜就是人工诱发基因突变的杰出成果。

■ 核酸

生命的使者

正是由于核酸，细胞才得以复制和转录遗传信息，合成新一代的蛋白质。因此，核酸被称为"生命的使者"。

核酸由单核苷酸组成，每一个核苷酸分子又由三部分组成：一个含氮碱基（简称碱基）、一个五碳糖和一个磷酸基。由碱基和五碳糖组成的结构叫做核苷。碱基是两种母体分子嘌呤和嘧啶的衍生物。组成核酸的碱基有五种：腺嘌呤（A）、鸟嘌呤（G）、胞嘧啶（C）、胸腺嘧啶（T）和尿嘧啶（U）。

研究发现，碱基的排列组合遵循碱基互补配对规律。例如，只有当一个嘌呤碱与一个嘧啶碱配对时（如A与T，G与C相配），才能符合正常双螺旋形成。因此，同一DNA分子内部，嘌呤碱总数与嘧啶碱总数是相等的（A+G=C+T）。遵循相同的规律，RNA分子将DNA上的遗传信息转录下来，加以翻译和表达。所以，碱基互补配对规律不仅对研究DNA分子结构很重要，而且在体现生物功能，如DNA的复制、RNA的转录以及蛋白质的生物合成方面均有重要意义。

鱿鱼
核酸是支配生命活动的核心物质，是蛋白质合成的基础，对人体生长、发育、繁殖、遗传等重大生命活动起着关键作用。而海产品中通常富含核酸，如100克鱿鱼中就含核酸280毫克。

■ 破译遗传密码

遗传密码的破译是20世纪生命科学中最令人激动的巨大成就之一，其对生物工程的意义可与元素周期表在化学上的意义相提并论。

第一个提出具体设想的是出生于俄国的美籍物理学家G.加莫夫。他由碱基的排列组合得出推论：一种氨基酸可能有不止一个密码。第一个用实验给遗传密码以确切解答的是德裔美国生物化学家M.尼伦贝格。1961年，他和另一位德国科学家马太首先在实验室内发现苯丙氨酸的密码是RNA上的尿嘧啶，并得到了单一苯丙氨酸组成的多肽长链。同时，西班牙裔美籍生物化学家S.奥乔亚和尼伦贝格分别测定了各种氨基酸的遗传密码。到1963年，20种氨基酸的遗传密码都被测出。而巴基斯坦裔美国生物化学家H.G.霍拉纳则在20世纪60年代用化学的方法合成了64种可能的遗传密码，并测试了它们的活性。到1969年，64种遗传密码的含义全部得到了解答，遗传密码破译成功。

沃森和他建立的DNA模型
1953年，英国剑桥大学卡文迪许实验室的科学家沃森和克里克正式建立了DNA双螺旋模型，由此打开了探索生命之谜的大门。他们二人也因此获得了1962年的诺贝尔生理学或医学奖。

【百科链接】

遗传密码：
以核苷酸排列顺序表示的遗传信息单位。

生物工程

■ 发酵工程与人造肉

1857年，法国微生物学家巴斯德发现了发酵原理，使人们认识到发酵是微生物活动的结果。此后，人们开始在人工控制的环境条件下进行大规模的生产，逐步形成了发酵工程。

葡萄酒桶
早在6000多年前，人类就已经学会了把多余的粮食和水果放在密封的桶里酿造美酒，这就是发酵工程的源头。

以发酵工程来生产单细胞蛋白并不复杂，关键在于选育性能优良的酵母菌或细菌。操作时，将原料及微生物一起放入发酵罐，然后用电脑密切控制发酵过程，不时加入水和营养物（甲醇、甲烷、纤维素等）。而在罐内，微生物迅速消化吸收原料，再合成蛋白质储存在体内，并不断繁殖，效率极高。人们只需不时取出高浓度的发酵液，用快速干燥法制取成品——单细胞蛋白即可。

用酵母菌等生产的单细胞蛋白可作为食品添加剂，制成近年来走俏的人造肉供人们直接食用。

人造肉又称大豆蛋白肉，它实际是一种对肉类形色和味道进行模仿而制成的豆制品。美国化学家波耶制成了世界上最早的

经过发酵的面包
烤熟的面包上有许多小孔，这是因为酵母使面团发酵时生成了许多二氧化碳。在二氧化碳气体冲出来的过程中，在面包上留下了许多小孔。

人造肉，并于1953年取得发明专利。

■ 酶与酶工程

酶，又称酵素，是具有催化功能的蛋白质。酶工程是生物工程的一个组成部分，它是利用酶、细胞器或细胞的特异催化功能，通过适当的反应器，工业化生产人类所需产品或达到某种特殊目的的一门技术科学。它包括两部分内容：如何生产酶和如何应用酶。

实际上，人类有意识地利用酶的历史很久远，并经历了几个发展阶段。在开发使用酶的早期，人们使用的酶大多来自动物的脏器和植物的器官。例如，从猪的胰脏中取得胰蛋白酶来软化皮革，从木瓜的汁液中取得木瓜蛋白酶来防止啤酒混浊，用大麦麦芽的多种酶来酿造啤酒等。不过，从动植物中提取酶既麻烦，数量又有限，于是现代人逐渐将目光转向产量大的微生物发酵工程。此外，基因工程酶制剂也成为酶工程的热点。

当代酶工程的应用主要集中于食品工业、轻工业以及医药工业。例如，药厂用特定的合成酶来合成抗生素；加酶洗衣粉通过分解蛋白质和脂肪来除去衣物上的污渍和油渍等。

【百科链接】
发酵：
复杂的有机化合物在微生物的作用下分解成比较简单的物质。

■ 人工细胞融合

所谓人工细胞融合，就是使两个或两个以上的活细胞紧密接触在一起，并且使接触部位的细胞膜发生融化，最终合并成一个细胞。这个细胞经过培养，有可能发育成完整的生物个体，即原来融合的细胞的杂种后代。这个杂种后代可能兼有上一代的一些优良性状。因此，这种技术对于改良品种，提高农、林、牧业产品的产量和质量是很有意义的。

精子与卵子的结合

精子与卵子相结合形成受精卵的过程叫做受精，其实就是一个自发的细胞融合过程。不过这种正常的细胞融合只能发生在同一种物种之内，而人工诱导的细胞融合可以发生在不同物种之间。

■ 细胞核移植

把一种生物细胞的细胞核移植到另一种去核或不去核细胞的细胞质内，就是细胞核移植。20世纪80年代初，我国生物科学工作者对鲫鱼的成熟卵细胞"动手术"，设法去除它的细胞核，然后又从鲤鱼的胚胎细胞中取出细胞核，让它到被取掉了细胞核的鲫鱼细胞中"安家落户"。此后，这种换掉细胞核的鲫鱼卵细胞就像正常的受精卵细胞一样，开始了不断的分裂，最终发育成面目一新的杂交鱼。这种鱼一年就能长到500克以上，但外观形态和肉质滋味都酷似鲫鱼。这是一次成功的细胞核移植实验。

其实，在同种生物中使用细胞核移植技术也有巨大的价值，它能使性状特别优异的品种迅速得到推广。

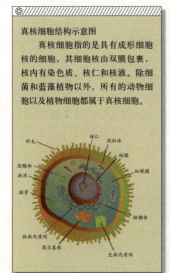

真核细胞结构示意图

真核细胞指的是具有成形细胞核的细胞，其细胞核由双膜包裹，核内有染色质、核仁和核液。除细菌和蓝藻植物以外，所有的动物细胞以及植物细胞都属于真核细胞。

纤毛　核仁　线粒体
植膜
溶酶体　细胞膜
液泡
微管
核糖体
粗面内质网
高尔基体
光面内质网

■ "万用"干细胞

干细胞是一种未充分分化，尚不成熟的细胞，具有再生各种组织器官甚至克隆人体的潜在功能，医学界称之为"万用细胞"。它可分为两种类型：一种是全功能干细胞，可直接克隆人体；另一种是多功能干细胞，可直接复制各种脏器和组织。总之，凡需要不断产生新的分化细胞以及分化细胞本身不能再分裂的细胞或组织，都要通过干细胞所产生的具有分化能力的细胞来维持机体细胞的数量。可以这样说，生命是通过干细胞的分裂来实现细胞的更新及持续生长的。

人类寄希望于利用干细胞的分离和体外培养，在体外繁育出组织或器官，并最终通过组织或器官移植，实现对临床疾病的治疗。科学家普遍认为，干细胞的研究将为临床医学提供广阔的应用前景。

新生儿

新生儿的脐带血中含有大量的干细胞，浓度高且品质优良，约为骨髓中干细胞浓度的10～20倍，其增生能力也比较高。

【百科链接】

移植：

将机体的一部分组织或器官补在同一机体或另一机体的缺失部分上，使它逐渐长好。

■ 试管婴儿

试管婴儿，是指分别将卵子与精子取出置于试管内，使其受精，再将胚胎前体——受精卵移植回母体子宫内发育成胎儿而诞生的婴儿。世界上第一个试管婴儿布朗·路易丝于1978年7月在英国诞生，此后该项研究发展极为迅速，到1981年已扩展到十多个国家。

要产生试管婴儿，首先需要从妇女的卵巢中取出成熟的卵子，在体外创造合适的受精条件使卵子受精，然后将成熟的受精卵移植到子宫内使之发育成胚胎。所以，试管婴儿可以简单地理解成由实验室的试管代替了输卵管的功能。

试管婴儿和在此基础上发展起来的胚胎移植技术能够解决某些不育症，同时为开展人类、家畜和农作物的遗传工程，抢救面临绝种危机的珍贵动物提供了有效的手段。

试管婴儿是现代科学的一项重大成就，它开创了胚胎研究和生殖控制的新纪元。试管婴儿的诞生，揭开了人类生殖的神秘面纱，对优生优育也产生了深远的影响。近些年来，国际上出现了试管婴儿热，到1990年，全世界已出生1万多名试管婴儿。

■ 基因工程与灵丹妙药

基因工程是在分子生物学和分子遗传学综合发展的基础上，于20世纪70年代诞生的一门崭新的生物技术科学。一般来说，基因工程是用人为方法将某一生物的DNA大分子提取出来，在离体条件下进行切割后，把它与作为载体的DNA分子连接起来，然后一起导入某一受体细胞中，从而获得新物种的技术。

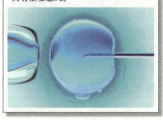

体外受精

哺乳动物的精子和卵子，在体外人工控制的环境中完成受精过程的技术，称为体外受精。体外受精技术对研究动物生殖机理、保护濒危动物等具有重要意义。

基因工程一般包括四个步骤：一是取得符合人们要求的DNA片段，这种DNA片段被称为目的基因；二是将目的基因与质粒或病毒DNA连接成重组DNA；三是把重组DNA引入受体细胞；四是把能表达目的基因的受体细胞挑选出来。

将基因工程应用到药物制造领域，即为生物制药。目前，在生物制药产品中，基因工程药物是基因工程对生物制药的最大贡献。基因工程开发出的特效药物可用以防治诸如肿瘤、心脑血管、遗传性、免疫性、内分泌等疑难杂症，且在避免毒副作用方面明显优于传统药

母亲腹中的胎儿

试管婴儿并不是真正在试管里长大的婴儿，而是让精子和卵子在试管中结合而成为受精卵，然后再把它送回女方的子宫里，让其与正常胎儿一样发育以及出生。

【百科链接】

质粒：

染色体外能够进行自主复制的遗传单位，包括真核生物的细胞器和细菌细胞中染色体以外的DNA分子。

▶ 克隆技术：造一个一模一样的你　　器官移植：将健康的器官移植到另一个人体内使之迅速恢复功能
▶ 克隆人的争论　　　　　　　　的手术。从广义上来说，器官移植包括细胞移植和组织移植。

生物技术篇

物。因而，称基因工程药物为"灵丹妙药"一点儿也不夸张。

■ 克隆技术

造一个一模一样的你

1996年7月5日，英国科学家伊恩·维尔穆特领导的一个科研小组，利用克隆技术成功培育出一只小母羊多利。这是世界上第一只用已经分化的成熟的体细胞（乳腺细胞）克隆出的羊，它的诞生引发了世界范围内关于动物克隆技术的激烈争论。

培育多利的过程主要分四个步骤：首先从一只6岁的雌性绵羊（称之为A）的乳腺中取出乳腺细胞，将其放入低浓度的培养液中，细胞逐渐停止分裂，此细胞称为供体细胞；然后从另一只母绵羊（称之为B）的卵巢中取出未受精的卵细胞，并将细胞核除去，留下一个无核的卵细胞，此细胞称为受体细胞；再利用电脉冲方法，使供体细胞和受体细胞融合，形成胚胎细胞；将胚胎细胞转移到第三只母绵羊（称之为C）的子宫内，胚胎细胞进一步分化和发育，最后形成小绵羊多利。所以多利有三个母亲：它的"基因母亲"是绵羊A，"借卵母亲"是绵羊B，"代孕母亲"是绵羊C。

克隆羊多利
多利羊诞生于1996年7月5日，1997年首次公开亮相。科学家认为，多利的诞生标志着生物技术新时代的来临。

克隆出来的牛群

克隆可以理解为复制、拷贝，就是从原型中产生出同样的复制品，它的遗传基因与原型完全相同，因此由一个原型克隆出来的生物也几乎一模一样。

■ 克隆人的争论

克隆羊多利出世后，克隆迅速成为世人关注的焦点。人们不禁产生疑问：人类会不会成为下一个被克隆的对象呢？

由于克隆人可能带来复杂的后果，一些生物技术发达的国家大都对此采取明令禁止或者严加限制的态度。千百年来，人类一直遵循着有性繁殖方式，克隆人与被克隆人之间的关系有悖于传统的由血缘确定亲缘的伦理道德。但是，现在人们普遍接受的输血技术、器官移植、试管婴儿等在历史上都曾经带来极大的伦理争论。这表明，在科技发展面前，不断更新的思想观念并没有给人类带来灾难，而是造福了人类。

另外，就克隆人这一个体而言，他（她）会生活在"我是一个复制品"这样一个阴影中，这对他（她）的心理会产生什么样的影响呢？在克隆多利的过程中，曾经过了200多次的失败，出现过畸形或夭折的羊。而克隆人更为复杂，无疑会遇到更多的失败。如果克隆出不健康、畸形或短寿的人，我们又该拿他（她）们怎么办呢？

【百科链接】

克隆：
生物体通过体细胞进行无性繁殖，复制出遗传性状完全相同的生命物质或生命体。

仿生学 ❧

■ 水母与风暴

　　水母是一类古老的腔肠动物（海蜇就是其中的一种），每当风暴来临，它总能安然无恙地躲开。原来，风暴来临前，空气与海浪摩擦会产生次声波。在蓝色的海面上，次声波的传播比风暴、波浪的速度快，人耳一般无法听到，但水母对此却很敏感。

　　仿生学家发现，水母的共振腔里长着一个细柄，柄上有个小球，小球内有块小小的听石。当风暴来临前，次声波冲击水母耳内的听石，听石就会刺激球壁上的神经感受器，水母就会知道风暴即将来临。

　　模拟水母感受次声波的器官，科技人员设计出一种叫做水母耳的仪器，这种仪器可提前15个小时左右预报风暴。它由喇叭、接受次声波的共振器和把这种振动转变为电脉冲的转换器以及指示器组成。将这种仪器安装在船的前甲板上，喇叭会做360°旋转。当它接收到8至13赫[兹]的次声波时，旋转便自动停止，这时喇叭所指示的方向就是风暴将要来临的方向。此外，指示器还可以告诉人们风暴的强度。

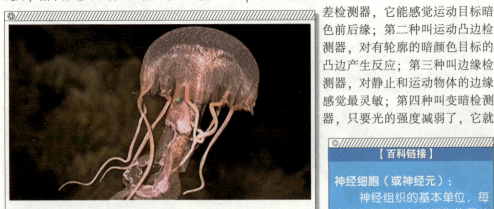

水母
　　水母的伞状体内有一种特别的腺，可以产生气体，使伞状体膨胀。而当水母感知到风暴即将来临时，就会自动将气放掉，沉入海底躲起来。

■ 蛙眼的启示

　　科学家发现蛙眼视网膜的神经细胞可分成五类：一类只对颜色有反应，其他四类则只对运动目标的某个特征起反应，并能把分解出的特征信号输送到大脑视觉中枢——视顶盖。

青蛙
　　青蛙的视觉系统对于运动中物体，如它的食物和天敌非常敏感，一旦有运动的昆虫或者天敌的影子从眼前掠过，它立即就会作出反应，扑向食物或逃进水中。也就是说，蛙眼看到的只是对它的生存有意义的动态景物。

　　视顶盖上有四层神经细胞，也称四种检测器，它们的形状、大小和树突分支各不相同，每种细胞接受范围的大小和轴突传导信号的速度也各不相同。第一种神经细胞叫反差检测器，它能感觉运动目标暗色前后缘；第二种叫运动凸边检测器，对有轮廓的暗颜色目标的凸边产生反应；第三种叫边缘检测器，对静止和运动物体的边缘感觉最灵敏；第四种叫变暗检测器，只要光的强度减弱了，它就

【百科链接】

神经细胞（或神经元）：
　　神经组织的基本单位，每个神经细胞都包括细胞体和从细胞体伸出的凸起部分。

▶ 苍蝇与宇宙飞船
▶ 蝙蝠与回声定位

超声波：频率高于20000赫[兹]的声波（人耳能听到的声波频率为20～20000赫[兹]）。超声波可用于测距、测速、焊接、碎石等。

>>>>>>>>>>>

生物技术篇

苍蝇

　　苍蝇对腐败、血腥等气味特别敏感。据研究，一只雌性苍蝇能够闻到方圆1.6千米以内的血腥味，而且可以逆风找到气味的来源。

能立刻产生反应。

　　这四种检测器的作用综合在一起，蛙眼才能看到原来的完整图像。

　　根据蛙眼的视觉原理，人们已研制成功一种电子蛙眼。这种电子蛙眼能准确无误地识别出特定形状的物体。将电子蛙眼安装在雷达上，雷达就可以像蛙眼一样，敏锐地跟踪飞行中的真目标。如在现代战争中，这种雷达可以区别运动中的真假导弹，保证克敌制胜。

　　此外，电子蛙眼还广泛应用在机场及交通要道上。

■ 苍蝇与宇宙飞船

　　苍蝇并没有鼻子，那它是拿什么充当嗅觉器官的呢？

　　原来，苍蝇的嗅觉感受器分布在头部的一对触角上，每个嗅觉感受器内含上百个嗅觉神经细胞。若有气味进入嗅觉感受器，这些神经会立即把气味刺激转变成神经电脉冲，送往大脑。根据物质所产生的神经电脉冲的不同，大脑即可区别出不同气味的物质。

　　受此启发，仿生学家根据苍蝇嗅觉感受器的结构和功能，成功研制出一种十分奇特的小型气体分析仪。这种仪器的探头不是金属，而是活的苍蝇。具体过程是：将非常纤细的微电极插到苍蝇的嗅觉神经上，将引导出来的神经电信号经电子线路放大后，送给分析器；分析器一旦发现气味物质的信号，便能发出警报。这种仪器已经被安装在宇宙飞船的座舱里，用来检测舱内气体的成分。

　　此外，这种小型气体分析仪也可测量潜水艇和矿井里的有害气体。

■ 蝙蝠与回声定位

　　我们都知道，蝙蝠能在漆黑一片的夜空以极快的速度飞翔，它们对方向的判断十分准确，从不会同前方的物体相撞。然而，假如蒙上它的耳朵，堵上它的嘴巴，蝙蝠就不能顺利地飞行了。这一现象使科学家发现了蝙蝠飞行的秘密：蝙蝠是用口、耳"看清"外界的一切的。

　　蝙蝠能通过口腔或鼻腔把喉部产生的超声波发射出去，再利用折回的声音来定向，这种空间定向的方法，称为回声定位。蝙蝠飞行时，喉内会产生并通过口腔发出人耳听不到的超声波脉冲，当遇到食物或障碍物时，超声波就会反射回来。蝙蝠用两耳接受物体的反射波，并据此判断物体的位置；还能从两耳分别接受到回波间的差别，来辨别物体的远近、形状及性质；物体的大小则由回波中的波长区别出来。研究发现，蝙蝠的回声定位器是非常精致的导航仪器，所以蝙蝠能在拉紧的细铁丝间飞来飞去。

　　受此启发，人们研制出了雷达、超声波定向仪、盲人用探路仪、超声眼镜等。

【百科链接】

触角：

　　昆虫、软体动物或甲壳类动物的感觉器官之一，生在头上，一般呈丝状，也叫触须。

飞行的蝙蝠

　　蝙蝠是飞行的高手，凭借特有的回声定位系统和柔软灵活的双翅，它们在黑暗中可以敏捷地避开障碍物，做出猛冲和急转等高难动作。

海豚：哺乳动物，身体呈纺锤形，鼻孔长在头顶上，喙细长，前肢呈鳍状，背鳍
为三角形。海豚生活在海洋中，吃鱼、乌贼、虾等。

▶ 海豚与潜艇声呐系统
▶ 从藤壶到特种黏合剂

海豚

　　最近，科学家研究发现，海豚发出的声波有三种类型：一种是口哨般的声音，叫哨音；第二种是猝发脉冲声；第三种是咔嗒声。哨音和猝发脉冲声主要用于通信和交流，咔嗒声则主要用于目标定位。

海豚与潜艇声呐系统

　　不管白天还是黑夜，水质清澈还是浑浊，海豚都能准确地捕捉到鱼。这是因为海豚具有超声波探测和导航的本领。海豚没有声带，其声音源就是它头部内的瓣膜和气囊系统。海豚把空气吸入气囊系统，空气流过瓣膜的边缘发生振动，便会发出声波。海豚的头部还有"脂肪瘤"，它紧靠瓣膜和气囊的前面，能把回声定位脉冲束聚焦后再定向发射出去，因此海豚的定位探测能力极强：它能分辨3千米以外鱼的性质；能侦察到15米外浑水中2.5厘米长的小鱼。

　　科学家们受到海豚这种本领的启发，发明了在海中定位的声呐系统。声呐是声音导航与定位系统的缩写，这个系统通常装在现代潜艇中。超声波能在水下远距离

传播，且传播速度是空气中传播速度的4.5倍，因此水下超声波探测装置的效能极高。

从藤壶到特种黏合剂

　　藤壶是附着在海边岩石上的一簇簇灰白色、有石灰质外壳的小动物。它们不但能附着在礁石上，而且能附着在船体上，任凭风吹浪打也冲刷不掉。藤壶附着力强的秘密在于，每次蜕皮后，它都会分泌一种黏性极强的藤壶胶。这种胶含有多种生物成分，且不溶于水、盐水、稀酸和稀碱。由于这些特性，藤壶对船只的航行和海边红树林的生长造成了非常不利的影响。如何清除船只和红树林上的藤壶成为一件令人十分头疼的事情。

　　然而，从科技创新的角度讲，这种讨厌的藤壶胶却是极为珍贵的宝贝——科学家只要研究清楚它的成分，就有可能仿制出一种非常重要的特种黏合剂。

　　这种黏合剂可以在0～205摄氏度范围内使用，抗张强度大，可以黏合钢板。使用它来修船，只需5～10分钟，便可将两块在水下的钢板牢牢黏结在一起。科学家相信，这种特种黏合剂一旦研发成功，将在水下抢险补漏工作、建筑及医疗等方面大显神威。

礁石上的藤壶

　　藤壶是唯一的一种固着生活的节肢动物。海岸的岩礁、码头、船底等，凡有硬物的表面，都有可能被藤壶附着上，甚至在鲸鱼、海龟、龙虾、螃蟹的体表也常有附着的藤壶。

【百科链接】

蜕皮：

　　许多节肢动物（主要是昆虫）和爬行动物在生长期间旧的表皮会脱落，由新长出的表皮来代替。

Part 4
工业新知篇

找矿与采矿

■ 太空遥感找矿

遥感找矿是伴随着遥感技术的兴起而发展起来的现代化找矿方法。它通过高空卫星拍摄地表物体，利用所拍图像识别地表物体的特征，以寻找矿点。一般来说，地面上和地下的许多物质和地形对太阳光中不同波长的光线的反射具有一定的规律。例如，生长旺盛的植物和森林呈现奇异的洋红色，枯萎的树枝却呈现灰蓝色，闪光的金属反倒是乌黑一片。

遥感找矿的最大好处在于：它可以代替人类前往难以抵达或危险的地方观测，在短时间内取得有关新矿点的大量数据，讯息能以图像与非图像方式表现出来。

在实际工作中，人们会在遥感影像图上先圈出已知产矿地区，分析那里的地质特征，观察该区域反映在图中的色彩、影纹、水系、地貌的规律，然后将这些总结出来的规律与其他地方比较，看是否有类似的。如果有特征类似且非常接近的地区，就可能是新矿点，之后只需派人去实地调查即可确定。这样的找矿方式准确度高又省力省时。

■ 地震探矿

地震探矿的原理同雷达探测飞机有些类似。雷达首先向周围发射无线电波，电波碰到飞机会被反射回来，雷达接收到反射波，即可通过荧光屏显示出来。同样，地震产生的地震波在地下传播时，碰到不同地层的交界面，也会有一部分被反射回来，地面仪器接收和处理反射波后，就可以显示地层的结构，帮助我们找到石油、天然气和其他矿藏。

以前，人们一般用炸药爆炸制造人造地震，现在多以高压电产生的电火花代替，既安全，使用面也广。在海洋勘探中，将电火花发生装置装在勘探船上，利用卫星导航设备，将船引至指定地点，每隔一定距离释放电火花一次，只要水下电缆及数字地震仪接收到反射波，相关仪器就可以记录并分析出几千米乃至

遥感卫星拍摄的台湾岛

遥感是以航空摄影技术为基础发展起来的新兴技术。自1972年美国发射第一颗陆地卫星后，拉开了航天遥感时代的序幕。目前遥感技术已广泛应用于资源环境、水文、气象、地质地理等领域，成为一门实用、先进的空间探测技术。

【百科链接】

遥感：

使用空间运载工具和现代化的电子、光学仪器探测和识别远距离的研究对象。

上万米海底深处的石油及矿藏资料。

陆地石油勘探中，将电火花发生装置安装在汽车上，在城市或乡村都可方便作业。电火花引发人造地震后，地震波传入地下，相应仪器即可记录到几千米深处的反射波。之后，经过仪器分析，便可显示出油气田或其他地下矿藏的情况。

嗅觉灵敏的猎狗

狗的嗅觉神经和脑神经直接相连，嗅觉细胞密布于鼻腔，因此狗的嗅觉灵敏度十分惊人。加拿大地质学家曾对狗进行训练，并在其帮助下发现了几十个镍矿和铜矿。

善于跋涉，因此人们很早以前就利用狗来探寻矿藏，发现它们具有找矿范围广和效率高等优势。在欧洲，人们就曾用专门训练过的探矿犬来探查氧化后发出气味的含硫矿产，找到了不少矿藏。

由此看来，利用一些动物的生活习性和本能，并进一步训练和深化它们的这些本领，就会使动物成为人们找矿的得力向导。

■ "报告"矿藏的动物

在欧洲，人们在化验蜂蜜和花粉时，竟意外地发现其中含有较多的铜、钼等金属元素；在非洲，人们从猎取到的羚羊的血液中，也发现了较多的铜。人们便在蜜蜂、羚羊活动的区域进行考察，结果找到了蕴藏丰富的铜、钼等金属矿产。

为什么蜜蜂、羚羊能够"报告"矿藏呢？原来，在蕴藏着铜等金属矿产的地区生长的植物也吸收了较多的铜等金属元素，蜜蜂采集了这些植物花粉，羚羊吃了这些草，血液中就会聚集较多的铜等金属元素。

人们摸清了矿物元素—植物—鸟类、昆虫等动物的这种相互关系，就能找到矿藏所在了。

研究还发现，一些动物能够直接帮助人们找到矿藏。例如，狗具有高超的嗅觉能力，又

紫花苜蓿

钽是一种稀有金属，提炼困难，价格昂贵。而紫花苜蓿不仅可以指示钽矿的方位，而且具有富集钽的本领，从种植面积大约0.4平方千米的紫苜蓿中可提炼出200克钽。

■ 植物"报矿员"

在漫长的植物发展史中，一些植物经过自然选择，适应了各地区不同的气候、水文、土壤等自然环境，并形成了不同的特征。根据这些特征，人们能判断出当地的水文、土壤、气候、矿产等情况。

一般来说，植物的根系除从土壤中吸取氮、磷、钾等营养成分外，有的还能吸取那些由真菌分解的矿物元素。另有一些植物的根系及种子受到放射性元素的照射后，形态会发生变异，如高矮和花瓣颜色等，这些信息都能为人们找矿提供帮助。例如，铜矿石会使花瓣变成蓝色，锰矿石会使花瓣变成红色，蒿生长的高矮与土壤中含硼多少有关，忍冬草丛则预示着地下有金和银，石松生长好的地方有铝土矿，锦葵繁茂的地方有镍矿，紫苜蓿密集地有钽矿，野苦麻生长茂密的地方常蕴藏着铁矿等。

【百科链接】

矿藏：
地下埋藏的各种矿物的统称。

大陆架：大陆从海岸向外延伸，开头坡度较缓，一段距离后，坡度突然增大，直达深海底。坡度较缓的部分叫大陆架。

▷ "闻"气找矿
◉ 海上采油

20世纪中期，美国科学家就曾根据桉树长势繁茂的特点，在科罗拉多高原找到了具有放射性的铀矿。

■ "闻"气找矿

最早的"闻"气找矿是"闻"汞蒸气找矿。汞又称水银，是唯一在常温下呈液态并易流动的金属，是地壳中相当稀少的一种元素。

汞蒸气的穿透力很强，哪怕是含汞矿物深埋地底，汞蒸气依然会透过覆盖层，抵达地表再散逸到空气中，使该矿床周围的土壤和大气中汞蒸气的含量远远高于无矿地带。因此，通过"闻"汞蒸气，便可找到矿藏。

不过，汞蒸气对人危害很大，必须借助一个专门的抽气装置来"闻"才行。操作时，将装置插入地下0.5米左右，然后抽取地下汞蒸气到一个盛有黄金的试管中。由于汞很容易与几乎所有的普通金属（包括金和银）形成汞齐合金，因此这样就捕捉到了汞蒸气。

之后再加热汞齐合金，使汞和金互相分离，仪器即可分析出汞蒸气的含量。利用这一办法，地质学家曾经找到过数十米至数百米深度的矿点。

除此以外，人们还逐渐发现了"闻"其他气体找矿的方法。例如，测量空气中二氧化硫气体含量找矿法等。只要根据矿藏的不同"气味"，人们就可以找出相应的地下矿藏。

汞

汞有一种独特的性质，它可以溶解多种金属（如金、银、钾、钠、锌等），溶解以后便组成了汞和这些金属的合金，称为汞齐。含汞少时汞齐是固体；含汞多时，汞齐是液体。

■ 海上采油

我们都知道，石油是重要的资源、宝贵的燃料，它不仅蕴藏在大陆架中，还蕴藏在海洋深处。目前已探知的海底石油有1350亿吨，占世界可采石油的45%。在科技高速发展的今天，运用海洋工程技术把海洋石油开采出来，已成为刻不容缓的事情。

早期开采海洋石油采用固定式的钻井平台，现在已发展为移动式平台。

1953年，人们开始使用自升式钻井平台开采海底石油。自升式平台像一张庞大的桌子，"桌腿"是一组钢柱，在拖航时，把"腿"提升，到作业区时，放下"腿"插进海底，任凭风浪起，"我自岿然不动"。根据需要，人们还可以升降钢柱，使平台不会被波浪打倒。平台中央安装有钻探机，石油工人就在平台上进行开采操作。

自升式钻井平台主要是在90米左右水深的大陆架使用。而半潜式平台是专为开发较深水域海底石油而设计的：它没有"腿"，而由甲板和浮筒连接组成，拖航时，浮筒浮在水面，到作业地点后，使甲板沉到水中规定的深处，钻探机就可以钻探了。

海上钻井平台

海上钻井平台是实施海底油气勘探和开采的工作基地，是海上油气勘探开发不可缺少的手段。工作人员和物资在平台和陆地间的运输一般通过直升机完成。

【百科链接】

蒸气：

液体或固体（如汞、苯、碘）因蒸发、沸腾或升华而变成的气体。

❀ 新型材料

■ 从铁矿石到钢铁

将开采出的铁矿石放入高炉中冶炼后，即可得到生铁。生铁按冶炼工艺的不同可分为炼钢生铁和铸造生铁。

炼钢生铁是一种含碳量大于2%的铁碳合金，同时也含有一定量的硅、锰、硫、磷等元素，其中硅和锰是有利元素，按一定比例存在于钢铁中可显著提高材料的强度、硬度和耐腐耐磨性；而硫和磷则是有害元素，会分别造成钢铁的热脆性和冷脆性，降低材料性能。

把炼钢生铁放入炼钢炉中按一定工艺熔炼，并把得到的钢液浇铸成型，冷却后即得到钢锭或铸胚。钢锭经再次轧制就能制成不同的材质或钢型。为了获得各种性能的钢材，人们还会在冶炼过程中加入铬、镍、钼、钨、钒等微量元素，而这些化学成分将决定钢材的不同特性。其中，铬可增加钢材的耐腐蚀性，通常我们把含铬量大于13%的钢材称为不锈钢；镍可增加钢材的强度和韧性；钼可防止钢材变脆；钨可增加钢材的耐磨损性；钒可增加钢材的抗磨损性和延展性。

■ 用途广泛的锰钢

锰是银灰色的金属，很像铁，但比铁要软，熔点比铁低，在潮湿的空气中比铁更易生锈。工业上，人们一般用锰来制造锰钢合金。

有趣的是，在钢中加入2.5%～3.5%的锰而制得的低锰钢非常脆且易碎，然而，加入13%以上的锰而制成高锰钢则既坚硬又富有韧性。高锰钢加热到淡橙色时，就会变得十分柔软，很容易进行各种加工。而且，高锰钢没有磁性，不会被磁铁所吸引。

滚珠轴承

滚珠轴承的作用是通过钢珠的滚动，将普通的滑动摩擦变为滚动摩擦，从而降低摩擦力，提高配合精度。一般工业用滚珠轴承的滚珠与环通常是以抗磨性能较高的高锰钢制成。

高锰钢最重要的特点是，它在强烈的冲击、挤压下，表层会迅速发生加工硬化现象，同时硬化层具有良好的耐磨性能，其内部仍保持良好的韧性和塑性，这是其他材料望尘莫及的。但高锰钢的耐磨性只是在具备足以形成加工硬化的条件下才表现出的优越性，其他情况下则耐磨性一般。

【百科链接】

合金：
由一种金属元素跟其他金属或非金属元素熔合而成的、具有金属特性的物质。

钢花四溅的炼钢车间

我国已经成为世界上最大的钢铁生产国之一，年粗钢产量不仅全球第一，而且超过了第二到第八的总和，占全球总产量的36%左右。

锰钢主要用于需要承受冲击、挤压、物料磨损等恶劣的工况条件中。例如，人们大多用锰钢制造钢磨、滚珠轴承、推土机与掘土机的铲斗等经常受磨的构件，以及铁轨、桥梁等。

■ "记忆力"超强的记忆合金

记忆合金，顾名思义，就是带有"记忆"功能的合金。它真的是有意识、能够记忆吗？其实并不是这样，它只是一种能够在适当条件下恢复原状的合金。

1961年，美国海军研究所的一个研究小组领取了一批弯弯曲曲的镍钛合金丝，把它们一根根拉直，以便使用。但当它们偶然接近火时，又恢复了原来的弯曲状态。人们经过研究，搞清了这是材料的一种新效应——

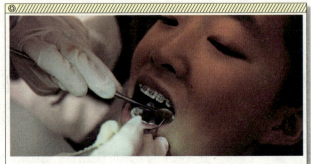

牙齿矫形

牙科医生在矫正病人畸形的牙齿时，经常使用具有形状记忆特性的镍钛合金丝，定期收紧固定在牙齿上的弧形金属丝，可以给牙齿施加张力，从而逐渐使牙齿移动到正确的位置。

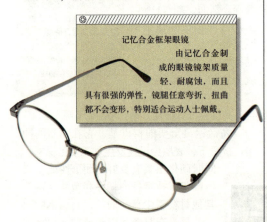

记忆合金框架眼镜

由记忆合金制成的眼镜镜架质量轻、耐腐蚀，而且具有很强的弹性，镜腿任意弯折、扭曲都不会变形，特别适合运动人士佩戴。

形状记忆效应。后来，人们又发现了金镉合金、铜铝镍合金、铜锌合金、铜锡合金等都具有记忆效应。

记忆合金，即形状记忆合金。这种合金在外力作用下会产生变形，但把外力去掉时，在一定的温度条件下，还能恢复原来的形状。记忆合金不仅可以百分之百恢复形状，而且反复变形500万次也不会产生疲劳断裂，因而具有许多奇妙的用途。

目前正在研究的形状记忆合金主要有三大类型，最成熟的是镍钛合金。镍钛合金在20世纪70年代初被用于制造飞机油路管接头，目前被用于制造卫星天线。镍钛合金强度很高，耐腐蚀，反复使用次数多。镍钛合金的品种很多，在镍钛合金中添加铜、钴、铌、铁、钯、铬等，可以制造出一系列新的形状记忆合金。镍钛合金的转变温度可通过控制成分来调整，因此可以适应不同用途的需要。

铜系形状记忆合金的价格只有镍钛合金的十分之一，但功能差一些。这个系列的成员主要是铜—锌—铝合金以及铜—镍—铝合金。目前正在通过添加其他金属和改进处理方法改善其性能，这类合金很有发展前途。

作为一类新兴的功能材料，记忆合金的很多新用途正不断被开发出来。相信不久的将来，就连汽车的外壳也可以用记忆合金制作——如果不小心碰瘪了，只要用电吹风加温就可恢复原状，既省钱又省力，非常方便。

【百科链接】

金属疲劳：

在交变应力作用下，金属材料发生破坏的现象。

● 航天材料——钛合金
● 导电塑料：能导电的塑料

钒：高熔点金属之一，呈浅灰色，有延展性，质坚硬，无磁性。在空气中不易被氧化，耐盐酸和硫酸的腐蚀，其耐腐蚀性要比大多数不锈钢好。

>>>>>>>>>>>
工业新知篇

■ 航天材料——钛合金

以钛为基础加入其他合金元素组成的合金称为钛合金。钛合金按组成可分三类：加入铝和锡元素的钛合金；加入铝、铬、钼、钒等元素的钛合金；加入铝和钒等元素的钛合金。

钛合金是一种新型结构材料，具有优异的综合性能，如密度小，比强度和断裂韧性高，疲劳强度和抗裂纹扩展能力好，低温韧性良好，抗腐蚀性能优异，甚至能抗王水腐蚀。某些钛合金的最高工作温度为550摄氏度，预期可达到700摄氏度。因此它在航空、航天、汽车、造船等行业得到了日益广泛的应用。

有人说，钛就是属于太空时代的金属，它是十分理想的航天工程结构材料。全世界钛产量中约有80%用于航空和航天工业，主要用于制造机身、机翼、蒙皮和承力构件。美国将70%的钛用于航空航天，例如美国YF-12A型战斗机的用钛量高达93%；波音757客机的结构件中，钛合金约占5%，用量达3640千克；F-15战斗机的机体结构中，钛合金用量达7000千克，约占结构质量的34%。

另外，由于钛的抗腐蚀性能好，可用它制造深海潜艇及化工行业的反应器设备。

■ 导电塑料

能导电的塑料

通常情况下，塑料由许多排列无序的高分子组成，这些分子一般都排成长链且有规律地重复着这种结构。通电后，当电流增大时，塑料内部会形成凌乱的网状物，并马上停止导电。要使塑料能够导电，其内部的碳原子之间必须交替

F-15战斗机
美军的F-15战斗机机体结构使用了大量的钛合金和复合材料，尤其是后段的发动机舱为全钛合金结构，大大提高了飞机的性能。

地以单键和双键结合，同时还必须经过掺杂处理——也就是说，通过氧化或还原反应失去或获得电子。这样，额外的电子才能够沿着分子移动，塑料才能成为导体。艾伦·黑格等人通过在塑料内渗入某些物质，改变其物理化学特性，使其具有了较好的导电性能，成为导电塑料。

与传统导电材料相比，导电塑料易加工、质量轻、安全环保，因此前景可观。目前，导电性塑料的研究工作已进入了实用化阶段。

三位2000年诺贝尔化学奖得主
2000年，诺贝尔化学奖同时授予了美国科学家艾伦·黑格、艾伦·马克迪尔米德和日本科学家白川英树，以表彰他们在导电塑料方面进行的研究和取得的成果。

利用导电塑料，人们研制出了保护用户免受电磁辐射的电脑保护屏幕、可除去太阳光的"智能"窗户以及具备消除静电功能的屏蔽薄膜等。

钛膝
钛具有"亲生物"性。钛无毒且能抵抗人体内分泌物的腐蚀，对任何杀菌方法都能适应。因此，钛被广泛用于制作医疗器械和人造髋关节、膝关节、肩关节、头盖骨、主动心瓣、骨骼固定夹等。

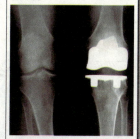

【百科链接】

王水：
一体积浓硝酸和三体积浓盐酸混合而成的无色液体，腐蚀性强，能溶解金、铂等一般酸类不能溶解的金属。

氧化铝：铝和氧的化合物，呈白色粉状，流动性好，不溶于水，能溶解在熔融的冰晶石中。在矿业、制陶业和材料科学上又被称为矾土。　▶ 神通广大的新陶瓷

■ 神通广大的新陶瓷

陶瓷的主要原料是黏土、长石、石英等，制作时先把它们磨成粉，再按一定比例混匀，加工成型，然后送入窑内高温烧结，即可得到陶瓷。如果在毛坯上涂上各种釉质，刻上花纹，就可烧得精美的花瓶、盆、碗等日用品。

精美的古代青花瓷罐

青花瓷是我国明清时代重要的瓷器种类，是以含氧化钴的钴矿石为原料，在陶瓷坯体上描绘纹饰，再罩上一层透明釉，经高温还原焰一次烧成的。瓷质细腻色白，蓝色彩绘古朴苍翠，具有中国国画的笔致韵味。

陶瓷硬度高，耐高温，抗腐蚀，因而在工业上有着广泛用途。1924年，德国科学家以纯氧化铝为原料烧结出坚硬非凡的氧化铝陶瓷。这种陶瓷做成的刀具甚至能切削硬度较高的合金钢。发动机的火花塞瞬时温度高达2500摄氏度，最大工作压力达100个大气压，在如此恶劣的条件下，氧化铝陶瓷仍能正常地长期工作。1957年，一位美国工程师选用纯度达99.99%的氧化铝细粉作原料，烧出半透明的陶瓷。用它制成的高压钠灯亮度高，寿命长，清晰度高，能透过浓雾。

等待发射的导弹

氮化硅陶瓷由于具有良好的透微波性能、介电性以及耐高温性，现在常作为导弹和飞机的雷达天线罩。

导弹飞行时，空气摩擦会使导弹前端温度高达1000摄氏度。不过不用担

高压钠灯

电弧管是高压钠灯的关键部件，多采用氧化铝和陶瓷管制成，不仅具有良好的耐高温和抗腐蚀性能，还有良好的可见光穿透能力。

心，导弹前端装载的自动跟踪系统是用红外陶瓷制成的。这是一种耐高温、可透射红外线的透明陶瓷。

氮化硅新型陶瓷具有足够高的强度和硬度，又有惊人的耐高温、耐腐蚀性能和抗急冷急热性能，是一种用途广泛的工程陶瓷。

碳化硅陶瓷是另一种新型陶瓷。它质地坚硬，可做金刚石的代用品，也是制造高温燃气涡轮发动机的理想材料。

1955年，人们制得了锆钛酸铅压电陶瓷。用这种压电陶瓷，可生产大功率的超声和水声的换能器；也可作为高灵敏度的压电测量装置，在高频通信技术、导弹技术、地震预报和医疗上都有广泛用途。这种陶瓷也是一种透明陶瓷，用它可制成立体电视眼镜。人们戴上这种眼镜，就可以看到立体电视或电影，医生用这种眼镜可以通过电视看到病人体内的立体图像，便于诊断治疗。

目前，陶瓷研究的主要方向是高温陶瓷，如果这种陶瓷能在1500摄氏度以上的条件下工作，在空间技术和军事技术上都将有广泛用途。在现代科技的"催化"下，古老的陶瓷技术不断开出的"新花"，正在逐步改变着人们的生活。

【百科链接】

毛坯：

已具有所要求的形体，还需要加工的半成品。

■ 信息高速公路的基石 —— 单晶硅

电脑发展到今天，已经走过了一个逐步壮大的过程，每块集成电路板上的电路数目从几百发展到几百万之多。但组成芯片的材料却没有改变，仍然是一块单晶硅片。

什么是单晶硅

单晶硅，即硅的单晶体，是具有基本完整的点阵结构的晶体，是一种良好的半导体材料，纯度要求达到99.9999%以上，主要用于制造半导体器件、太阳能电池等。它主要是用高纯度的多晶硅在单晶炉内拉制而成。熔融的单质硅在凝固时，硅原子以金刚石晶格排列成许多晶核，如果这些晶核长成晶面取向相同的晶粒，则这些晶粒平行结合起来便结晶成单晶硅。

集成电路的材料

单晶硅作为集成电路材料，除了纯度高以外，还需要是长成均匀、完整、无缺陷的晶体。目前普遍采用提拉法制作单晶硅：在坩埚中装满硅并加热，使坩埚里的温度保持在1685摄氏度，这个温度高出单质硅的熔点100摄氏度左右，所以坩埚里的单质硅处在熔融状态。在坩埚上部有一个提拉杆，有机械装置使提拉杆自由升降和旋转。把一小颗单晶硅固定在提拉杆顶端浸入坩埚，这颗硅晶体就像一颗"种子"，引得周围的硅原子在它周围按顺序排列，形成晶体。缓缓提拉并旋转提拉杆，晶体便逐步长大，拔出来的部分都属于同一块单晶。等晶体生长出来以后，把它切割成片状并抛光，便制成晶片。这些晶片非常均匀、平整、光滑，表面上各处的厚度相差不超过1纳米。然后，在绝对无尘的环境中，通过几十道工序，在晶片上做出许许多多的晶体管及其他元件，再将晶片切割成芯片，每个芯片有多达百万个晶体管，再把芯片装在陶瓷封装壳中，便做成了集成块。

单晶硅的替代者

科学家推测，用砷化镓制造的晶体管的开关速度比硅晶体管的开关速度快1至4倍，用砷化镓晶体管可以制造出速度更快的电子计算机。在元素周期表中，和镓同族的元素还有铟和铊；与砷同族的还有磷、锑。科学家认为可以把这两族元素组成不同的化合物，以得到电子和光学性质不同的材料适应不同用途的需要。

太阳能电池板

太阳能电池板多用单晶硅制成。其作用是将光能转化为电能储存起来，属于太阳能发电系统的核心部件。

集成电路块

将硅晶体切成均匀、平整的晶片，在上面做出上百万个晶体管和元件，再切割成芯片，装在陶瓷封装壳中，便做成了集成电路块。

【百科链接】

坩埚：

熔化金属或其他物质的器皿，一般用黏土、石墨等耐火材料制成。

引领新科技潮流的超导材料

在日常生活中，我们所使用的一切物质都具有电阻。但是，当物体的温度降低到绝对零度（零下273.15摄氏度）附近时，其电阻会变成零。这就是超导现象。

奇妙的超导现象

1911年，荷兰莱顿大学的卡茂林·昂尼斯意外地发现，将汞冷却到零下268.98摄氏度时，汞的电阻会突然消失。后来他又发现许多金属和合金都具有与汞相类似的低温下失去电阻的特性。卡茂林·昂尼斯称之为超导态。

这一发现引起了世界范围内的震动。在他之后，人们开始把处于超导状态的导体称为超导体。超导体的直流电阻在一定的低温下突然消失的效应被称作零电阻效应。导体没有了电阻，电流流经超导体时就不会发生热损耗，电流可以毫无阻力地在导线中流动，从而产生超强磁场。

新的科技革命

超导体没有电阻，在电流通过时不会因为发热而损失电能，因此采用超导电线可以实现远距离无损耗输电，减少能源浪费。超导体中每平方厘米可以流过几十万安培的强大电流，因而可产生很强的磁场，而且消耗的电能很少。用超导体制成的超导发电机的功率可比目前发电机高100倍以上；超导磁悬浮列车的时速已达550千米；高速超导电子计算机的计算速度每秒可达几百亿次以上。有科学家预测，在不远的将来，超导材料会在世界引起一场新的科技革命。

超导计算机

目前，科学家正在企图寻找出一种高温超导材料，甚至室温超导材料。一旦找到，人们就可以利用它制成超导开关器件和超导存储器，再利用这些器件制成超导计算机。

荷兰物理学家卡茂林·昂尼斯

卡茂林·昂尼斯于1911年首次发现纯水银样品在低温时电阻消失，接着又发现其他一些金属也有类似现象。他把这种现象称为超导态。这一发现，开辟了一个崭新的物理领域。

超导计算机的性能将会是如今的电子计算机无法相比的。目前制成的超导开关器件的开关速度已达到几微微秒（0.000000000001秒）的高水平，比集成电路要快几百倍。超导计算机运算速度会比现在的电子计算机快100倍，而电能消耗仅是电子计算机的千分之一。如果目前一台大中型计算机每小时耗电10千瓦，那么，同样一台超导计算机只需一节干电池就可以工作了。

如今，制造超导计算机还有许多技术上的问题，但随着科技的进步，这些问题肯定会被科学家们攻克。

超导电缆

高温超导电缆采用无电阻、能传输高电流密度的超导材料作为导电体，具有体积小、质量轻、损耗低和传输容量大的优点，首先应用于短距离传输电力的场合。

【百科链接】

集成电路：

在同一硅片上制成许多晶体管、电阻、电容等，并将它们联成一定的电路，完成一定的功能。

血栓：由于动脉硬化或血管内壁损伤等原因，心脏或血管内部由少量的血液凝结成的块状物，附着在心脏或血管的内壁上。它能堵塞血管腔，导致血管内的血液流通不畅，血液明显减少。

■ 方兴未艾的纳米材料

早有科学家预言，纳米材料将是21世纪材料构成的基本单元。

什么是纳米材料

"纳米"是一个物理学上的度量单位，1纳米等于1米的十亿分之一。当物质的尺寸到达0.1到100纳米这个范围空间时，物质的性能就会发生突变，出现特殊性能。这种尺度达到纳米尺度且具有特殊性能的材料，即为纳米材料。

纳米材料的制备基本上分为两阶段：首先是纳米颗粒的制备，接着是保持这些纳米颗粒在没有受到污染的条件下，用高压将纳米颗粒压缩成纳米固体。

纳米技术在世界各国尚处于萌芽阶段，美、日、德等少数发达国家虽然已经粗具基础，但也尚在研究之中，新的理论和技术不断出现。我国正努力赶上先进国家水平，研究队伍日渐壮大。

隐身材料

美国F-117A型飞机蒙皮上的隐身材料含有多种纳米粒子，它们对不同波段的电磁波有强烈的吸收能力。由于纳米微粒尺寸远小于红外及雷达波波长，因此纳米微粒材料对这种波的透过率比常规材料要强得多，这就大大减少了波的反射率，使得红外探测器和雷达接收到的反射信号变得很微弱，从而达到隐身的作用。另一方面，纳米微粒材料的比表面积比常规粗粉大3～4个数量级，对红外光和电磁波的吸收率也比常规材料大得多，这就使得红外探测器及雷达得到的反射信号强度大大降低，很难发现被探测的目标。

纳米机器人

虽然目前关于纳米机器只有一些设想，但科学家相信，以下几种设想将逐渐变成现实。

第一代纳米机器人将会是生物系统（如酶）和机械系统有机结合的产物，即多功能的微型机器人。它们可以被注入人体血管内，检查人体生理状况，疏通脑血管中的血栓等。

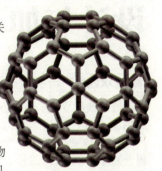

纳米结构模型

当物质到了纳米尺度以后，大约在0.1～100纳米这个范围，物质的性能就会发生突变，出现特殊性能。

第二代纳米机器人是直接从原子、分子装配成有一定功能的纳米尺寸的装置，它将具有自我调节能力的转换程序，例如可以生产人体所需的蛋白质。

第三代纳米机器人将是含有纳米电子计算机的，可以实现人机对话，并有自身复制能力的纳米装置。那时，人类的劳动方式将彻底改变。

纳米机器人歼灭病毒

纳米技术在医学上有着十分广泛的应用前景。例如，运用纳米技术在血流中进行巡航探测，可及时发现病毒、细菌的入侵，并予以歼灭，从而消除传染病。

【百科链接】

纳米和纳米技术：

纳米为长度单位，1纳米等于一百万分之一毫米。所谓纳米技术，是指在0.1～100纳米的尺度里，研究电子、原子和分子内的运动规律和特性的一项崭新技术。

锌合金：以锌为基础元素，加入其他元素（铝、铜、镁、镉、铅、钛等）组成的合金。锌合金在大气中耐腐蚀，适用于压铸仪表、制造汽车零件外壳等。

▶ 流水线生产与亨利·福特
▶ 高效实用的压力铸造

设计与加工 ❀

■ 流水线生产与亨利·福特

流水线指按流水作业特点所组成的生产程序。流水线的生产方式叫流水作业，即将整个加工过程分成若干不同的工序，按照顺序像流水似的不断进行的生产组织方式。

亨利·福特

亨利·福特（1863～1947），美国汽车工程师与企业家，福特汽车公司的建立者。他也是世界上第一位使用流水线大批量生产汽车的人。

简而言之，流水线生产就是"功能分解，空间上顺序依次进行，时间上重叠并行"。这种生产方式不仅大大降低了成本，还提高了作业效率，因此受到人们的青睐。

流水线生产法最先出现在英国，但采用流水线作业的最著名的工业家当属美国的亨利·福特。1908年，福特汽车公司开始生产福特T型车，最早的一批T型车都是在皮科特制造车间完成装配的。后来，为满足市场对于T型车源源不断的需求，福特将生产车间移至空间更大的高地公园，并别具匠心地设计了以移动式流水线为代表的新生产序列，以至于人们普遍认为流水线生产是亨利·福特发明的。到1913年，福特公司已经发展出一套较完整的流水线和大规模生产技术，极大地革新了当时制造业的生产技术。

■ 高效实用的压力铸造

压力铸造又称压铸，指在高压作用下将熔化后的液态材料高速压入铸型腔内，使材料凝固成型的铸造方法。

高压和高速是压力铸造的两大特点：所采用的压力为4～500兆帕，金属充填速度为0.5～120米/秒。与其他铸造方法相比，压铸有以下三方面优点：

1. 产品质量好。铸件尺寸精度高；表面光洁度好，强度和硬度较高；尺寸稳定，互换性好；可压铸各种形状复杂的铸件。

2. 生产效率高。压铸用于大批量生产的铸件，其生产过程容易实现机械化和自动化，如小型热室压铸机平均每8小时可压铸3000～7000次。

3. 经济效果优良。由于压铸件具有尺寸精确、表面光洁等优点，能有效地节省材料、能源和加工工时，因而经济效果优良。

目前，压铸是最先进的金属成型方法之一，是实现少切屑、无切

福特公司的流水线

1913年，福特改革了装配汽车的过程：用绳子钩住部分组装好的车辆从工人身旁经过，工人们一次只组装一个部件，这就是生产流水线的雏形。不久，福特公司的年生产量就达到了几十万辆，这在当时是一项极出色的成就。

【百科链接】

工序：
组成整个生产过程的各段加工，也指各段加工的先后次序。

铁氧体：一种具有铁磁性的金属氧化物。铁氧体能在高频时具有较高的磁导率，所以它在高频弱电领域中常做非金属磁性材料。

屑的有效途径。目前压铸技术发展很快，应用范围也很广，适用于铝合金、锌合金、铜合金、镁合金等非铁金属。

激光切割机
现在的激光切割机一般由氮气、氦气、氧气、二氧化碳四种高纯度气体加上高压产生激光，激光产生后由4块镜片反射到喷嘴，同时喷嘴处喷出纯氧做切割气体，产生高温以及一定的压力割断加工件。

■ 削铁如泥的水刀

提起水刀这个名字，你一定会觉得很奇怪：水怎么可以做刀呢？其实很简单，如果你给混有特定磨料的普通自来水施加300～380兆帕的高压，再将其从直径为0.3毫米的喷嘴里以超音速的方式喷出，就会形成极细的水柱，这些水柱就是水刀。它们锐利无比，可实现对金属及其他非金属材料和复合材料的切割。换言之，水刀实际上就是让水在高压条件下做切割工作。

值得一提的是，水刀切割时无尘、无味、无毒气排放，振动小，无噪声，能保持良好的工作环境。

■ 超声波加工

早期的超声波加工主要依靠工具做超声频振动，加工效率很低。后来，随着科技的发展，人们逐渐开始采用从中空工具内部向外抽吸，向内压入磨料悬浮液的超声加工方式，既提高了生产率，又扩大了超声加工孔的直径及孔深的范围。近年来，人们又转向采用高效高质的烧结或镀金刚石的先进工具进行超声波加工。

目前，超声波加工主要用于各种硬脆材料，如玻璃、石英、陶瓷、硅、锗、铁氧体、宝石和玉器

水刀切割
水刀切割机喷射出的高压水流可以轻松地将钢板切割成任意形状。

等的打孔（包括圆孔、异形孔和弯曲孔等）、切割、开槽、套料、雕刻等方面。

■ 激光加工

目前最先进的加工技术

激光加工是利用高功率密度的激光束照射工件，使材料熔化、汽化而进行穿孔、切割和焊接等的特种加工方式，是目前最先进的加工技术。

激光加工属无接触式加工，工具不会与工件的表面直接摩擦产生阻力，因此加工时速度很快，工件受热影响的范围较小，而且不会产生噪声。而激光几乎可以对任何材料进行加工，激光束的能量和光束的移动速度均可调节，因此可应用的层面非常多，范围极广。

激光钻孔不受加工材料的硬度和脆性的限制，而且钻孔速度异常快，快到可以在几千分之一秒，乃至几百万分之一秒内钻出小孔。这种工艺可用来加工手表钻石等精密物品。

激光切割时，只需移动工件或者移动激光束，使钻出的孔洞连接成线，就自然能将材料切割下来，且切割的边缘非常光洁。

激光加工还可用于刻标记、材料表面热处理和材料沉积等。

【百科链接】

悬浮液：
不溶性固体粒子分散在液体中所形成的分散系统称为浮液，又称悬胶（体）或悬浊液。

机床：用来制造机器零件的设备通称为金属切削机床，简称机床。机械产品的零部件包括机床本身都是用机床加工出来的，所以说机床是制造机器的机器。

▶ 无尘超净厂房
▶ 应用前景广阔的工业机器人
▶ 商品的身份证——条形码

■ 无尘超净厂房

尘埃不仅影响环境，还给工业生产尤其是电子产品的生产造成不可忽视的影响。

为消除尘埃对厂房的影响，建筑师专门设计了一种无尘超净厂房。在这种厂房中，并非百分之百没有尘埃，而是将尘埃控制在每立方分米空气中仅有3.5颗0.3微米的尘埃的标准。这样的厂房堪称"一尘不染"，因为340颗0.3微米的尘埃排成队，也只有一根头发这么粗。

无尘超净厂房除需清静的绿化环境外，还必须要做到通风、除尘，与外界"隔绝"。因此，进入厂房的空气需要经过三番五次的过滤，还要经常换气，并使室内空气的压力稍大于室外，以阻止室外的不洁空气侵入。

进入厂房的所有人都要严格除尘。首先，进入无尘更衣室，换上无尘帽、无尘口罩、无尘衣、静电防尘手套、无尘裤、无尘靴等。接着，进入风淋室，让长廊中吹出来的强风将自己身上的正负电荷中和，使尘埃脱落。之后，人们才能进入厂房开始操作。对于进入厂房的物品，也同样要在除尘和清洗后才能顺利放行。

■ 应用前景广阔的工业机器人

工业机器人（通用及专用），一般指用于机械制造业中代替人完成大批量、高质量要求

无尘厂房
无尘厂房不论外在空气条件如何变化，室内必须能够维持原先所设定的洁净度、温度、湿度及压力等条件。

的工作，如"负责"汽车、摩托车、舰船制造，某些家电产品（电视机、电冰箱、洗衣机）、化工等行业自动化生产线中的点焊、弧焊、喷漆、切割、电子装配，以及物流系统的搬运、包装、码垛等作业的机器人。

世界上第一台点焊机器人——Unimate
Unimate是世界上最早的工业机器人之一，它的控制方式与数控机床大致相似，但外形特征迥异，主要由类似于人的手和臂组成。

工业机器人是人类开发的第一代机器人，属于程序控制机器人。一般来说，人们会根据需要预先编制好工作程序，工业机器人只需按照指令，沿着事先规定的路线运送零件和半成品，或者是把零件和半成品从一个指定的空间点运到另一个指定的空间点即可。

由于工业机器人能卓有成效地照看机床、熔炉、冲床、生产线、焊机、铸造机等，能有效地安装、运输、包装、焊接、装配、加工（热加工、机械加工）产品，因此具有良好的经济效益，多用于机械制造业和冶金业中，前景十分广阔。

■ 商品的身份证——条形码

只要你留意观察就会发现，任何一种正规商品上都有一种黑白相间的条纹图案，这些图案叫条形码。

【百科链接】

代码：
表示信息的符号组合，如计算机的二进位制代码。

神奇的条形码

真正意义上的条形码是由美国的布兰德在1949年首先提出的。近年来，随着计算机应用的不断普及，条形码的应用得到了很大的发展。条形码可以标出商品的生产国、制造厂家、名称、生产日期等信息，因而在商品流通、邮电管理等许多领域都得到了广泛应用。商品条形码具有国际通用性，由13位数字组成，一般可分为前缀部分、制造厂商代码、商品代码和校验码几个部分。

前缀码是用来标识国家或地区的代码，赋码权属于国际物品编码协会，如00～09代表美国、加拿大，45～49代表日本，690～692代表中国大陆。制造厂商代码的赋权属于各个国家或地区的物品编码组织，我国由国家物品编码中心赋予制造厂商代码。商品代码是用来标识商品的代码，赋码权由产品生产企业自己行使，生产企业按照规定条件自行决定在何种商品上使用哪些阿拉伯数字为商品条形码。校验码用来校验商品条形码中左起第一至第十二个数字代码的正确性。

商品条形码的编码遵循唯一性原则，以保证商品条形码在全世界范围内不重复，即一个商品项目只能有一个代码，或者说一个代码只能标识一种商品项目。不同规格、不同包装、不同品种、不同价格、不同颜色的商品必须使用不同的商品代码。

商品条码的意义

商品条码是实现商业现代化的基础，是商品进入超级市场、POS扫描商店的入场券。在扫描商店，当顾客采购商品完毕在收银台前付款时，收银员只要拿着带有条码的商品在装有激光扫描器的台面上轻轻掠过，就能把条码下方的数字快速输入电子计算机，通过查询和数据处理，计算机可立即识别出商

条码扫描仪

只要用激光扫描器掠过商品条码，机器就可立即识别出商品制造商、名称、价格等信息，轻松实现售货、仓储和订货的自动化管理。

条形码

印刷在商品外包装上的条形码像一条条经济信息纽带，将世界各地的生产制造商、出口商、批发商、零售商和顾客有机地联系在一起。

5 000167 007862

品制造厂商、名称、价格等商品信息并打印出购物清单。这样不仅可以实现售货、仓储和订货的自动化管理，而且通过产、供、销信息系统，使销售信息及时为生产厂商所掌握。通过条形码，可以判断一件商品的生产厂家、生产日期等信息。

【百科链接】

程序（计算机程序）：

为实现某种目的而由计算机执行的代码化指令序列，通过程序设计语言表达。

柴油：轻质石油产品，由石油分馏或裂化得到，复杂的烃类（碳原子数为10～22）混合 ▶ 造油的细菌："异想天开"
物。柴油分为轻柴油和重柴油两大类，都广泛用做大型车辆、铁路机车、舰船的燃料。 ▶ "植物石油"：绿色燃料

开发新能源 ❧

■ 造油的细菌

"异想天开"

加拿大多伦多大学教授魏曼发现了几种

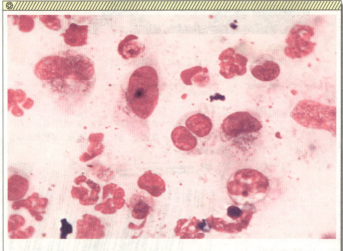

显微镜下的细菌

　　细菌是一类形状细短、结构简单、多以二分裂方式进行繁殖的原核生物，是在自然界分布最广、个体数量最多的有机体，是大自然物质循环的主要参与者。细菌的个体非常小，目前已知最小的细菌只有0.2微米长，因此大多细菌只有在显微镜下才能看到。

能够"制造石油"的细菌。这些微生物的组织结构中，几乎有80%是含油物质，在电子显微镜下，它们很像一个个塑料口袋，里面装满了油。有趣的是，这些造油细菌都以二氧化碳为生。魏曼曾经将它们聚集在实验室，组成一个"微生物产油田"，以二氧化碳喂养，最终它们竟制造出1升油，这种油很像柴油。

　　原来，这些细菌能够产生某种类似碳氢化合物的物质。例如，分枝杆菌能够产生类似于碳氢化合物的老菌酸，像酿酒制酱那样，经过酶的催化作用聚合到一起，就得到了一种真正的菌造石油。

　　由此出发，科学家设想，建造一个有细菌存活的人工湖，在水中溶解充足的二氧化碳以保证它们的需要。不久，细菌迅速繁殖，再用仪器过滤后，便能送到工厂"炼油"了。据预测，细菌造油的速度很快，大概2～3天便可产油一次，因此前景非常可观。

■ "植物石油"

绿色燃料

　　1979年，人们在巴西亚马孙原始森林中发现了一种产燃油的苦配巴树。这种树液不需任何处理即可直接作为内燃机的燃料。

　　经过科学家的寻找，类似的植物不断被发现。菲律宾有一种能生产可燃树液的稀有野生果树。该树液从树根、树干和果实里分泌出来，遇火便像汽油一般燃烧，当地人将之用于照明。我国海南岛的热带森林中有一种与苦配巴树类似的油楠树，一棵树一年可收获多达50千克的"柴油"。

　　科学家对已发现的产油树进行引种，取得了可喜的收获。如美国在加利福尼亚州引种苦配巴树，100棵苦配巴树1年能生产一二十桶柴油。而巴西栽种的油棕榈树3年开始结果，以后

【百科链接】

微生物：

　　形体微小、构造简单的生物的统称。绝大多数个体用显微镜才能看到，如细菌、病毒等。

核电站

核电站基建投资高，但燃料费和发电成本较低，并可减少污染。

每年每公顷油棕榈树的果实可产油10吨。

科学家还准备用微生物发酵的方法，使某些绿色植物生产出类似石油、甲烷、酒精等燃料来。例如，生长迅速的风信子经石油菌发酵作用后，每年能生产成千桶"石油"。

目前，世界各国都十分重视绿色能源的开发，因此大力扶植产油植物的开发计划。

■ 安全的原子核电站

为防止核反应堆里的放射性物质泄漏出去，人们给核电站设置了四道屏障。

第一，对核燃料芯块进行处理，拔掉它的"核牙齿"。现在的核反应堆采用耐高温、耐腐蚀的二氧化铀陶瓷型核燃料芯块，这种芯块经烧结、磨光后，能保留98%以上的放射性物质不泄漏出去。

第二，用锆合金制作包壳管，即将二氧化铀陶瓷型芯块装进管内，叠垒起来，就成了燃料棒。这种用锆合金或不锈钢制成的包壳管能保证核燃料在长期使用中不逸出放射性裂变物质。

第三，将燃料棒封闭在严密的压力容器中。这样，即使堆芯中有1%的核燃料元件发生破损，放射性物质也不会泄漏出去。

第四，把压力容器放在安全壳厂房内。通常，核电站的厂房均采用双层壳件结构，对放射性物质有很强的防护作用。万一放射性物质从堆内泄漏出去，这道屏障也会使人体免受伤害。

事实证明，核电站的这些屏障是十分可靠和有效的。全世界已投入运行的近450座核电站，30多年来基本上是安全正常的。

■ 处处可用的太阳能电池

太阳能电池实际上就是一种把光能变成电能的能量转换器，这种电池是利用光生伏特效应原理制成的。光生伏特效应是指当物体受到光照射时，内部就会产生电流或电动势的现象。

【百科链接】

核反应堆：
使铀、钍等的原子核裂变的链式反应能够有控制地持续进行，从而获得核能的装置。

不过，单个太阳能电池不能直接作为电源使用。实际应用中都是将几片或几十片单个的太阳能电池串联或并联起来，组成太阳能电池方阵，以便获得相当大的电能的。

在太阳能电池方阵中，通常还装有蓄电池，这是为了保证在夜晚或阴雨天时能连续供电的一种储能装置。当太阳光照射时，太阳能电池产生的电能不仅能满足当时的需要，而且还可提供一些电能储存于蓄电池内。

太阳能电池具有可靠性好、使用寿命长、没有转动部件、使用维护方便等优点，因此得到了较广泛的应用。太阳能电池最初应用在空间技术中，它为人造卫星和宇宙飞船探测宇宙空间提供了方便、可靠的能源。据统计，世界上90%的人造卫星和宇宙飞船都采用太阳能电池供电。

太阳能住宅

科学家已经开始研究利用太阳能电池板和发电系统，设计建造完全采用太阳能的"零能住宅"。这样的住宅不仅节能环保，而且对人的身体非常有益。

■ 取之不尽的风能

在自然界，风是一种巨大的能源，它远远超过矿物能源所提供的能量总和，是一种取之不尽、尚未得到大量开发利用的能源，而且还是一种不断再生的没有污染的清洁能源。

人类利用风能有着悠久的历史。很早以前，中国、埃及、荷兰、西班牙等国就有了风车、风磨等利用风能的设备。19世纪末，人们开始研究风力发电。1891年，丹麦建造了世界上第一座试验性的风力发电站。

通常，人们按装机容量大小将风力发电站分为大、中、小三种。装机容量在10千瓦以下的为小型风力发电站，10至100千瓦的为中型风力发电站，100千瓦以上的为大型风力发电站。中小型风力发电站主要用于充电、照明、卫星地面站电源、灯塔和导航设备的电源，以及为边远地区人口稀少而民用电力达不到的地方提供电能。大型风力发电站可为电网供电。

古老的风车

早在2000多年前，人们就已经学会利用风车将风能转化为机械能，用来提水灌溉、碾磨谷物。一年四季盛行的西风给缺乏水力、动力资源的荷兰提供了丰富的风能资源，风车因此成为荷兰的象征。

目前，世界上投入运转的最大的风力发电站建造在德国，装机容量为3000千瓦。

■ 能量巨大的潮汐能

因月球引力的变化引起的潮汐现象会导致海平面周期性地升降，而因海水涨落及潮水流动所产生的能量即为潮汐能。潮汐能是以势能形态出现的海洋能，是指海水潮涨和潮落形成的水的势能。

海洋的潮汐中蕴藏着巨大的能量。在涨潮的过程中，汹涌而来的海水具有很大的动能，而随着海水水位的升高，海水的巨大动能转化为势能；在落潮的过程中，海水奔腾而去，水位逐渐降低，势能又转化为动能。潮汐能与潮量和潮差成正比，或者说，与潮差的平方和水库的面积成正比。

目前，世界上潮差的较大值为13～15米，但一般来说，平均潮差在3米以上就有实际利用价值。目前，潮汐能的主要利用方式是发电。潮汐发电是利用海湾、河口等有利地形，建筑水堤，形成水库，大量积蓄海水，然后在坝中或坝旁建造水力发电厂房，通过水轮发电机组发电。和普通的水力发电相比，潮汐能的能量密度低，所以只有在会出现能量集中的大潮、地理条件适于建造潮汐电站的地方才有可能从潮汐中提取能量。

风力发电机

风力发电机组大体包括风轮、发电机和铁塔三部分。其中风轮是把风的动能转变为机械能的重要部件，多用玻璃钢或其他复合材料制造。

风力发电机的工作原理是：风——带动风轮——增速——发电机发电——整流成直流电——逆变成交流电——并入电网。

【百科链接】

势能：

相互作用的物体由于所处的位置或弹性形变等而具有的能量，如水的落差和发条做功的能都是势能。

不稳定的波浪能
海水温差能
海洋盐差能

海水淡化：利用海水脱盐生产淡水。方法主要有蒸馏、冻结、反渗透、离子迁移、化学法等。海水淡化可以增加淡水总量、保障生活用水和工业用水。

>>>>>>>>>>>>
工业新知篇

汹涌的海浪
波浪能具有能量密度高、分布面广等优点，是一种取之不尽的可再生清洁能源。在能源消耗较大的冬季，可以利用的波浪能能量最大。

■ 不稳定的波浪能

波浪能是指海洋表面波浪所具有的动能和势能。波浪发电是波浪能主要的利用方式。近年来，挪威、日本等国都建立了波浪发电站，英国也在印度建造世界上最大的波浪发电站。波浪能还可用于抽水、供热、海水淡化及制氢等。

利用波浪能的关键是将波浪能收集起来，并将其转换为电能或其他形式的能量。通常，波浪能转换装置要经过三级转换：第一级为受波体，它将大海的波浪能吸收进来；第二级为中间转换装置，它优化第一级转换，产生出足够稳定的能量；第三级为发电装置，与其他发电装置类似。

迄今为止，世界上的波浪能转换装置有设置在岸上的和漂浮在海里的两种。它们按能量传递形式，可分为直接机械传动、低压水力传动、高压液压传动、气动传动四种。其中，气动传动方式采用空气涡轮波浪发电机，把波浪运动压缩空气产生的往复气流能量转换成电能，旋转件不与海水接触，可以作高速旋转。目前波浪能的开发利用发展较快。

■ 海水温差能

我们知道，海水的温度是随着海洋深度的增加而降低的。这是因为太阳辐射是无法透射到400米以下的海水中的，海洋表层的海水与500米深处的海水温度差可达20摄氏度以上。通常，将深度每增加100米的海水温度之差称为温度递减率。一般来说，在100～200米的深度范围内，海水温度递减率最大；深度超过200米后，温度递减率显著减小；深度在1000米以上时，温度递减率则变得很微小。

海洋中，上、下水层温度的差异蕴藏着一定的能量，叫做海水温差能，或称海洋热能。利用海水温差能可以发电，这种发电方式叫海水温差发电。现在新型的海水温差发电是把海水引入太阳能加温池，把海水加热到45～60摄氏度，有时可高达90摄氏度，然后再把温水引进保持真空的汽锅蒸发来发电。

用海水温差发电还可以得到一种宝贵的副产品——淡水，也就是说它还具有海水淡化功能。一座10万千瓦的海水温差发电站每天可产生378立方米的淡水，可以作为工业用水和生活用水。

■ 海洋盐差能

在大江大河的入海口，即江河水与海水相交融的地方，或者盐分浓度不同的海水之间，由于所含盐分不同，水的浓度不同，两者会自发地扩散、混合，直到双方含盐浓度相等为止。海水和淡水混合时，含盐浓度高的海水以较大的渗透压力向淡水扩散，而淡水也在向海水扩

【百科链接】

动能：
物体由于机械运动而具有的能，它的大小等于运动物体的质量和速度平方乘积的二分之一。

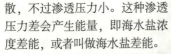

水循环：自然界中的水通过蒸发、水汽输送、降水、地表径流、下渗、地下
径流等环节，在水圈、大气圈、岩石圈、生物圈中进行循环运动的过程。

▷ 地热能：来自地球深处的能源
▷ 沼气：廉价的能源

散，不过渗透压力小。这种渗透压力差会产生能量，即海水盐浓度差能，或者叫做海水盐差能。

海水盐差能是由于太阳辐射热使海水蒸发后浓度增加而产生的。被蒸发出来的大量水蒸气在水循环过程中又变成云和雨，重新回到海洋，同时放出能量。

由于海水盐差能的蕴藏量十分巨大，世界上许多国家如美国、日本、瑞典等都在积极开展这方面的研究工作。不过，到目前为止，海洋盐差能的利用还未到实用阶段。

最咸的海——红海

位于非洲东北部和亚洲阿拉伯半岛之间的红海气候干旱，降水量少，蒸发量却很高，海水盐度为41%，是世界上含盐量最高的海。

■ 地热能

来自地球深处的能源

人们把来自地球内部的热能称为地热能。

地热发电是地热能最重要的利用方式。地热发电和火力发电的原理是一样的，都是利用蒸汽的热能在汽轮机中转变为机械能，然后带动发电机发电。所不同的是，地热发电不像火力发电那样需要备有庞大的锅炉，也不需要消耗燃料，它所用的能源就是地热能。

地热发电的过程，就是把地下

冰岛的间歇温泉

冰岛由于地处火山活动频繁地带，可开发的地热能潜力巨大。冰岛绝大多数居民都靠地热取暖，用地热进行温室种植，利用地热发电站提供电力，因而大大减少了石油等能源的进口。

热能首先转变为机械能，然后再把机械能转变为电能的过程。要利用地下热能，首先需要有载热体把地下的热能带到地面上来。目前，能够被地热电站利用的载热体主要是地下的天然蒸汽和热水。按照载热体类型、温度、压力和其他特性的不同，可把地热发电的方式划分为蒸汽型地热发电和热水型地热发电两大类。

利用地热能发电，建造电站的投资少，成本比水电站、火电站和核电站都低；发电设备的利用时间较长；地热能干净，不污染环境；发电用过的蒸汽和热水还可用于取暖或其他方面。现在，美国、日本等许多国家都建成了不同规模的地热电站，总计约有150座，装机总容量达320万千瓦。

■ 沼气

廉价的能源

沼气的主要成分是甲烷。通常，沼气中含有60%～70%的甲烷、30%～35%的二氧化碳，以及少量的氢气、氮气、硫化氢、一氧化碳、水蒸气和少量高级的碳氢化合物。

生产沼气的原料丰富，来源广泛。自然界的植物不断地

【百科链接】

热能：

物质燃烧或物体内部分子不规则运动时放出的能量，通常也指热量。

一举多得的垃圾发电
氢：最清洁的能源

碳氢化合物：由碳和氢两种元素组成的一类有机化合物。它可与氯、溴、氧等反应生成烃的衍生物。如甲烷和氯气在见光条件下反应可生成一氯甲烷、二氯甲烷、三氯甲烷和四氯甲烷（四氯化碳）等衍生物。

>>>>>>>>>>>>
工业新知篇

吸收太阳辐射的能量，并利用叶绿素将二氧化碳和水经光合作用合成有机物质，从而把太阳能储备起来。人和动物在吃了植物之后，约有一半的能量又随粪便排出体外。因此，人畜粪便、动植物遗体、工农业有机物废渣和废液等，在一定温度、湿度、酸度和缺氧的条件下，经厌氧性微生物的发酵作用，就能产生出沼气。所以，沼气是一种可以不断再生、就地生产就地消费、干净卫生、使用方便、非常廉价的新能源。

由于甲烷在高温下能分解成碳和氢，因此沼气还可用来制造氢气和炭黑，并能进一步制造乙炔、合成汽油、酒精、塑料、人造纤维和人造皮革等各种化工产品，用途十分广泛。

成堆的垃圾

据测算，垃圾中的二次能源，如有机可燃物等所含的热值很高，焚烧两吨垃圾产生的热量大约与燃烧1吨煤的产热量相当。如果我国能将垃圾充分用于发电，每年将节省煤炭5000万~6000万吨，效益极为可观。

■ 一举多得的垃圾发电

垃圾若处理不当，会对环境造成巨大危害，然而从资源方面看，垃圾也许是地球上唯一不断增长的可再生资源。用垃圾发电是合理处理、利用垃圾，把它变废为宝的途径之一。

垃圾发电的原理是：通过焚烧燃烧值较高的垃圾，将高温焚烧中产生的热能转化为高温蒸汽，推动涡轮机转动，使发电机产生电能。对于不能燃烧的有机物则进行发酵、厌氧处理，最后干燥脱硫，产生甲烷，甲烷再经燃烧，把热能转化为蒸汽，推动涡轮机转动，带动发电机产生电能。

世界上最早进行垃圾焚烧技术研究开发的是德国，随后，英国、法国、美国、日本等国也相继开展。德国目前已有50余座从垃圾中提取能量的装置及10多家垃圾发电厂，可以有效地为城市提供暖气或工业用蒸汽。法国共有垃圾焚烧炉约300台，可将城市垃圾的40%以上处理掉。美国从20世纪80年代起，兴建了90座垃圾焚烧厂，年总处理能力3000万吨。

■ 氢

最清洁的能源

氢燃烧后的生成物只有水，没有其他物质，对环境没有任何污染。

神奇的蓝色火焰

氢气是氢的单质形态，是最轻的气体，也是宇宙中含量最高的物质。

【百科链接】

涡轮机：

利用流体冲击叶轮转动而产生动力的发动机。按流体的不同而分为汽轮机、燃气轮机和水轮机。

沼气厂

甲烷是一种理想的气体燃料，每立方米沼气的发热量为20800~23600焦[耳]，相当于0.7千克无烟煤燃烧所释放的热量。

淀粉：有机化合物，是二氧化碳和水在绿色植物细胞中经光合作用形成的白色无定形物质。多存在于植物的子粒、块根和块茎中，是主要的碳水化合物食物。　　▶燃料电池：宇宙飞船的动力来源

氢是代替石油和煤炭的一种新能源。氢燃烧产生的热量大约是等量的汽油或天然气燃烧产生的热量的3倍。氢的储运性能好，使用方便，其他各类能源都可以转化成氢来储存、运输或直接燃烧使用，可以说是未来最理想的燃料。近年来，液态氢已被广泛地用做人造卫星和宇宙飞船的能源。科学家们预言，氢将是21世纪乃至更远时代的燃料。

转子发动机

　　转子发动机又称为米勒循环发动机。它采用三角转子旋转运动来控制压缩和排放，直接将可燃气（主要是氢）的燃烧膨胀力转化为驱动扭矩。

氢燃料汽车

用氢作为燃料，不仅干净，也使汽车在低温下同样容易发动，而且对发动机的腐蚀作用小，可延长发动机的使用寿命。由于氢气与空气能够均匀混合，完全可省去一般汽车上所用的汽化器，从而可简化现有汽车的构造。更令人感兴趣的是，只要在汽油中加入4%的氢气，用它作为汽车发动机燃料就可节油40%，而且无须对汽油发动机作多大的改进。因此，氢燃料的市场应用前景十分广阔。2005年10月，我国第一辆具有完全自主知识产权的以氢燃料为动力的轿车研制成功，时速可达80千米。

生物制氢

工业上的制氢方法有很多种，最成熟的大规模工业制氢法是烃类或甲醇裂解制氢和电解水制氢。令人高兴的是，许多原始的低等生物在新陈代谢的过程中也可放出氢气。例如，许多细菌在一定条件下即可制出氢气。

日本发现的一种叫做红鞭毛杆菌的细菌就是制氢的能手。只要在玻璃器皿内以淀粉做原料，再掺入其他营养素制成培养液，红鞭毛杆菌就会大量繁殖。它可以利用淀粉在玻璃器皿内制出氢气。

美国宇航部门还准备把一种光合细菌——红螺菌带到太空中去，以便将它放出的氢气作为能源供航天器使用。这种细菌生长繁殖很快，培养方法简单易行，既可在农副产品废水废渣中培养，也可在乳制品加工厂的垃圾中培育，是一种很有发展前途的制氢菌。

【百科链接】

营养素：
　　食物中具有营养的物质，包括蛋白质、脂肪、糖类、维生素、无机盐和水等。

第一辆氢燃料转子引擎跑车马自达RX8

　　这款马自达RX8 Hydrogen RE是全球第一辆氢燃料转子引擎车，它采用双燃料设计，驾驶者可以在使用氢燃料和使用普通汽油之间自由切换。

■ 燃料电池

宇宙飞船的动力来源

燃料电池是干电池家族中的一员，最早出现在100多年前。

"新型发电机"

燃料电池是一种将存在于燃料与氧化剂中的化学能直接转化为电能的发电装置。它的发

电效率比现在应用的火力发电还高，因此又被称为"新型发电机"。

燃料电池在结构上是由正极、负极和电解质组成的，其正极和负极大都是用铁和镍等惰性、微孔材料制成。从电池的正极把空气或者氧气输送进去，从负极将氢气、甲烷等气体燃料输送进去，气体燃料和氧气就会发生电化学反应，燃料的化学能便会直接转变成电能。

目前，燃料电池主要应用在宇航工业、海洋开发和电气货车、通信电源等方面。

燃料电池是怎样工作的

燃料电池实质上是以控制氢弹爆炸的理念设计而成的。太空船上的燃料电池是用来聚集氢气所产生的能量的装置。太空船的太阳能板所聚集的电磁能和太阳能将会转换成电能，而电能会缓慢地将存放在燃料电池内的氢氢换成燃料。燃料电池内含有一少部分可进行核分裂的物质，这些物质依序与氢核进行核反应。核反应可提供高能量并加速离子引擎，推进太空船。这整个过程受控在强大的电磁场下，它能提供能量并且避免过量的能量外泄导致反应炉核心熔毁。而核反应的一种副产物——热能则被燃料电池的外壁吸收并转换成供给电脑、维生系统和其他必要功用的电能。

质子交换膜燃料电池

质子交换膜燃料电池也是一种燃料电池，其单电池由阳极、阴极和质子交换膜组成。阳极为氢燃料发生氧化的场所，阴极为氧化剂还原的场所，两极都含有加速电化学反应的催化剂，质子交换膜作为电解质。工作时，它就相当于一个直流电源，阳极为电源负极，阴极为电流正极。

质子交换膜燃料电池的发电过程不涉及氢氧燃烧，不产生污染，也没有噪声，发电单元模块化，可靠性高。所以，质子交换膜燃料电池是一种清洁、高效的绿色环保电池，有着广阔的应用前景。

> **【百科链接】**
> **催化剂：**
> 能改变化学反应速率，而本身的量和化学性质并不改变的物质。

■ 来自地球磁场的能量

我们的地球是一个庞大的天然磁体，虽然它的磁场比较弱，但由于它在不停地转动，因此它所具有的动能也是一笔巨大的能量。如果我们把整个地球作为发电机的转子，以南北两极为正极，以赤道为负极，理论上可以获得10万伏左右的电压。

电磁感应定律告诉我们，导体在磁场中做切割磁力线的运动时，便会产生感应电流。地球上的河流和海洋是导电体，随着地球的自转，它们自然而然地就相对于地磁场产生了切割磁力线的运动。因此，河流和海洋中也就有地磁场的感应电流了。要知道，光海洋就覆盖了地球表面的71%，其中蕴藏的电量不可估量。

■ 来自闪电的能量

雷雨云聚集和储存的大量负电荷使云层下面的大地表面感应出正电荷，两种不同极性的电荷互相吸引，就驱使电子从云层奔向大地，形成闪电。据估算，每秒钟约有100次闪电袭击地球，其闪光带长度从300米到2750米不等。一次闪电电压可达1亿伏，电流可达16万安培，可以产生37.5亿千瓦的电能。但闪电持续时间很短，只有若干分之一秒，闪电中大约75%的能量都作为热耗散掉

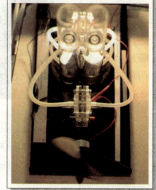

燃料电池

燃料电池可以直接将燃料的化学能转化为电能，中间不经过燃烧，所以转化效率很高，一般可达45%～60%，而火力发电和核电的效率只有30%～40%。

极光

　　美丽的极光是强烈的地磁扰动的结果，地磁扰动过程中会释放出大量能量，这些能量可以与全世界各国发电厂所产生电容量的总和相比。

了。至今，人们还没有找到利用闪电能的有效途径。

■ 来自极光的能量

　　我们知道，太阳的内部和表面进行着剧烈的热核反应，不断地产生出强大的电子流。这种电子流顺着地磁场的磁力线来到地磁极附近，其中一部分电子流射入大气层时，使大气中的气体分子和原子发生电离，产生出大量的带电离子，发出光和电，即所谓的极光。

　　作为一种很有应用前景的新能源，极光将给人类带来巨大的好处。有人推算过，极光发出的电量高达1亿千瓦，相当于目前美国全年耗电量的100倍以上。在加拿大的丘吉尔城，一年中有300个夜晚能见到极光。大多数极光出现在地球上空90～130千米处。有的科学家设想，将来可以在北极或南极地区，建造一座高达100千米的巨型塔架，用适当的方法把高空中极光发出的电能接收下来，供人们使用。

【百科链接】

极光：

　　在高纬度地区，高空中出现的一种光的现象。由太阳发出的高速带电粒子进入两极附近，激发高空大气中的原子和分子而引起。

闪电

　　一次闪电可以释放出惊人的能量，如果能控制和利用这种能量，将极大地缓解困扰人类的能源问题。

Part 5

交通运输篇

现代交通 ❧

■ 立交桥与高架路

立交桥和高架路是城市交通的重要组成部分。

立交桥

立交桥是为保证交通互不干扰，而在道路、铁路交叉处建造的桥梁。它广泛应用于高速公路和城市道路中的交通繁忙地段。

立交桥按跨越形式分为跨线桥和地道桥。

跨线桥是跨越公路、铁路或城市道路等交通线路的桥。

地道桥是从地下穿越既定线路，由桥洞、引道和附属结构组成的一种桥。

高架路

高架路是用一系列柱子架起来的空中道路，一般建筑在路面较宽的道路上方。高架路的交叉路口少，并禁止行人通行，车辆能保持较高的行驶速度。高架路两侧设有防撞栏杆，以保证汽车行驶安全。

和地铁相比，高架路的造价低、维护费用低、施工工程简单。一般情况下，高架路只受地面因素影响，无法在原地面修建桥（路）而设计的桥梁。

其实，高架路与立交桥在功能等方面具有诸多相似处，其主要区别在于立交桥还包括地道桥，而高架路只是在地上修建。

■ 高速公路

现代化公路

高速公路是供汽车高速、安全、顺畅运行的现代化公路。世界各国的高速公路尚没有统一的标准，命名也不尽相同，但都是专指四车道以上、中央设置分隔带、两向分隔行驶、完全控制出入口、全部采用立体交叉的公路。德国是世界上最早修建高速公路的国家。

高速公路

目前，全世界已有80多个国家和地区拥有高速公路。高速公路通车总里程超过了23万千米。

高速公路对于分散过分集中的城市人口，解决劳动就业，发展工、农业生产和旅游业及开拓边疆和国防战备都起到很大作用。各国高速公路里程一般只占公路总里程的1%～2%，但所担负的运输量却占公路总运输量的20%～25%。高速公路造价高，用地多，但行车速度快，通行能力大，交通事故率低，投资费用一般只要7～10年即可收回。

由于高速公路与普通道路相比，所有交叉路口均使用立交桥方式，且规定只供汽车使用，所以比普通道路的时速规定要高一些。但是，世界上绝大部分的高速公路还是设有限速，超过限速者会被处罚。严重超过限速称为飙车，飙车者会受到更严厉的处罚，甚至被吊销驾驶执照。

城市立交桥

立交桥用空间分隔的方法消除道路平面交叉车流的冲突，使两条交叉道路的直行车辆在不同层面畅通无阻。

【百科链接】

立体交叉：

利用跨线桥、地下通道等，使相交的道路在不同的平面上交叉。

■ "桥梁皇后"悬索桥

悬索桥规模宏伟，是特大跨径桥梁的主要形式之一，常被称为"桥梁皇后"。

现代悬索桥一般由桥墩、塔架、主缆索、锚碇、吊索、桥面系等部分组成。具体来说，就是在离岸边不远处修建桥墩作为支点，使主缆索绕过桥墩上的塔顶，锚定于两端桥墩或直接固定于两岸岩石中，桥面则由固定在主缆索上的许多钢索吊拉。

现代悬索桥的历史已有120余年。近20年来是悬索桥的鼎盛时期，目前跨径超过1000米的悬索桥已有近20座，著名的悬索桥有直布罗陀海峡大桥、旧金山金门大桥等。

■ 大跨度的斜拉桥

斜拉桥又叫斜张桥，与一般的桥型不同，它不是靠桥下部架桥墩来支撑桥体，而是用巨大的钢索从斜上方拉住桥体。它的原理类似于我国古代城门外护城河上的吊桥。不过，现代斜拉桥一般都是双向斜拉，而不像古代吊桥那样一定要放置在对岸才能使用。

斜拉桥由索塔、斜缆和主梁组成。索塔是固定斜缆的支撑物，视斜缆的不同而有不同的高度。斜缆是高强度钢索，其一端固定在索塔上，另一端固定在桥体主梁上。由于斜缆可以做成扇形、辐射形等多种形式，这样就能用多条缆索在桥梁上固定多处拉点，既增加了桥梁的稳定性，又能获得较大的跨度，还能加大桥梁的负载。

高空缆车

在索道运行的钢索之下，有的吊挂车厢，也有的吊挂座椅，这种情形在滑雪区最为常见。

■ 索道

空中运行的交通工具

索道指用驱动机带动钢丝绳，牵引客厢或货厢在距离地面一定高度的空间运行的运输机械。根据用途，索道分货运和客运两种。

货运索道多是工矿企业和高山地区用来运输货物的，主要有单线循环式索道和双线循环式索道两种：单线循环式索道是在循环运转并形成一个闭合环的钢丝绳两侧，按等间距各挂若干个货厢，一侧为重载，另一侧为空载；双线循环式索道循环运转的钢丝绳仅作牵引用，另在两侧各增加一条承载索，用以承受线路中的载荷。由于线路中的载荷由两条钢丝绳承担，双线循环式索道运输量可达每小时100～300吨，但它的投资要比单线循环式索道大。

客运索道分为往复式和循环式两类，其中双线或三线往复式索道、单线循环车厢式或吊椅式索道应用最多。

布鲁克林桥

美国纽约的布鲁克林大桥建于1883年，横跨纽约东河，连接布鲁克林区和曼哈顿岛，全长1834米，桥身由上万根钢索吊离水面41米，是当时世界上最长的悬索桥。

【百科链接】

桥墩：

桥梁下面的墩子，起承重作用，用石头或混凝土等材料筑成。

■ 绵延万里的铁路

铁路是一种现代运输工具，是由路基、道床、轨枕和钢轨所构成的运输线路。

世界上第一条铁路是英国的斯托克顿—达林顿铁路。这条铁路由史蒂芬孙亲自指挥修建。

1825年9月27日，这条铁路正式通车营业，并举行了盛况空前的表演。当时，整组列车由22节客车和满载着煤、面粉的12节货车组成，可以搭载乘客450人，总重达90吨，最初速度为4.5千米/小时，后来达到24千米/小时。

斯托克顿—达林顿铁路是世界上正式办理客货运营业的第一条铁路，因此，人们就把1825年作为世界上第一条铁路诞生的年份。这趟列车的开行使人们逐渐认识到了铁路运输的优越性，各地纷纷开始兴建铁路，大大促进了工业革命的发展，开启了运输生产力的划时代改革。

日本青函隧道入口

青函隧道南起日本本州岛北部的青森，北至北海道南端的函馆，全长53.85千米，其中在海底的长度为23.3千米。整个工程历时24年，于1998年正式贯通。

■ 穿山过海的隧道

隧道是指修建在地下、内部净空断面在2平方米以上、两端有出口、供行人车辆等通行的工程建筑。

一般来说，隧道由以下几部分组成：

1. 洞身：隧道结构的主体部分，是列车通行的通道。

2. 衬砌：承受地层压力，维持岩体稳定，阻止坑道周围地层变形的永久性支撑物。它由拱圈、边墙、托梁和仰拱组成。

3. 洞门：位于隧道出入口处，用来保护洞口土体和边坡稳定，排除仰坡流下的水。它由端墙、翼墙及端墙背部的排水系统组成。

4. 附属建筑物：为工作人员、行人及运料小车避让列车而修建的避人洞和避车洞；为防止和排除隧道漏水或结冰而设置的排水沟、盲沟；为机车排出有害气体设计的通风设备；电气化铁道的接触网、电缆槽等。

西伯利亚铁路

西伯利亚铁路建成于1904年，横贯俄罗斯东西，总长9332千米，是目前世界上最长的铁路。

19世纪末到20世纪20年代的30年，是世界筑路高潮时期，是铁路的黄金时代，铁路里程由65万千米升至127万千米，工业发达国家也都基本形成了铁路网。至今，全世界铁路的总长度约为130多万千米，可以绕地球赤道32圈。

【百科链接】

轨枕：

　　垫在钢轨下面的结构物（木头或钢筋混凝土），用来固定钢轨的位置，并将火车的压力传到道床和路基上。

当今世界上最长的一条隧道当属日本的青函隧道。它由本州的青森穿过津轻海峡到达北海道的函馆，为双线隧道，全长53.85千米，其中海底部分为23.3千米。

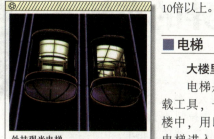

外挂观光电梯

观光电梯主要安装于宾馆、商场、高层办公楼等场所，它有一面或几面的井道壁和轿厢壁同侧采用透明材料，乘客在电梯内可以观看轿厢外的景物。

■ 穿梭地下的地铁

地下铁路系统是列车在地下隧道中的专用轨道上行驶，采用电力驱动，一般用第三轨集电，并与其他交通完全分开的城市客运系统，简称地下铁或地铁。它的主要作用是迅速运送大量乘客，以减轻市内地面的交通负荷。

1847年，世界上第一条地下铁道在伦敦正式建成，并于1863年投入运营。1896年，匈牙利首都布达佩斯诞生了世界上第一辆电动地铁。从此，地铁相继出现在世界各大城市。

在城市交通工具中，地铁在很多方面都占有优势。

首先，它运量大，速度快。目前，普通地铁列车的1节车厢可容纳200名乘客。地铁列车一般编组为4～6节，早晚上下班高峰时增至8～10节。而且，地铁永远都不会塞车，行车时间间隔很短，时速一般为30～70千米，最高可达120千米，是公共汽车和电车的3～4倍。

其次，它能节约城市用地。地铁建在地下，几乎不占用地面用地，这对用地紧张、地价昂贵的大城市来说至关重要。

再次，地铁的安全率比自行车、摩托车、公共汽车、无轨电车等交通工具高出

地铁站

现在地铁站大多采用岛式站台，即将站台布置在上下行线路中间，这样可以平衡上下行客流，充分利用站台面积，缓解拥堵，还可方便乘客换乘。

10倍以上。

■ 电梯

大楼里的交通线

电梯是我们非常熟悉的运载工具，一般建在城市摩天大楼中，用以接送人或物。虽然电梯进入我们的生活仅有150年的时间，但实际上，早在公元前2600年，埃及人在建造金字塔时就已开始使用最原始的"电梯"——人力升降机（起重机）了。

1845年，威廉·汤姆逊研制出用液压驱动的升降梯，至今仍应用在低层建筑物上。1853年，美国人艾利莎·奥的斯发明安全升降机，并于1857年投入使用。1880年，德国人西门子发明了使用电力的升降机，这标志着现代电梯的正式出现。

现代电梯主要由曳引机、导轨、对重装置、安全装置、信号操纵系统、轿厢与厅门等组成。这些部分分别安装在建筑物的井道和机房中。电梯通常采用钢丝绳摩擦传动，钢丝绳绕过曳引轮，两端分别连接轿厢和对重装置，电动机驱动曳引轮使轿厢升降。除升降机式外，电梯还有台阶式，即踏步板装在履带上连续运行的电梯，俗称自动电梯，在大的购物中心比较常见。

电梯的发明及使用使摩天大楼内的"交通"变得迅捷可靠，安全舒适。是现代使用最多的垂直运输工具。

【百科链接】

升降机：
建筑工地、高层建筑物等载人或载物升降的机械设备。

日新月异的车辆 ❖

■ 汽车的诞生

1769年，即英国人瓦特改进蒸汽机4年后，法国陆军军官尼古拉制造了第一辆装有动力的车。那是一辆长达7米的三轮车，由蒸汽机推动前轮前进，就像在车前用带车轮的蒸汽机代替马一样。这辆车的速度很慢，时速约为3.6千米，比人的步行速度还慢，而且行驶时间不能超过12分钟。第二次试车时，此车就摔坏了。虽然此次尝试以失败告终，但却激起了人们研制蒸汽机汽车的热情。

1867年，德国工程师奥托研制成功了世界上第一台往复活塞式四冲程发动机。1885年，他郑重宣布放弃专利，这就意味着任何人都可以根据需要随意制作内燃机。同年，德国人本茨购买了奥托内燃机的专利，并将内燃机和加速器同时安装在一辆三轮马车上。1886年1月29日，德国曼海姆专利局批准了本茨研制成功的第一辆单缸三轮汽车申请的专利，专利证书号为37435，这一天也被大多数人认为是现代汽车的诞生日。

■ 方便快捷的轿车

轿车是指除司机外还可乘坐2～8人，专用于载人和行李的小型客车。

按发动机的工作容积大小，轿车可分为微型、小型、中型和大型轿车；根据车身型式，轿车还可分为普通轿车、高级轿车、旅行轿车和活顶轿车等。轿车车身有封闭式，设四个车门的；也有敞篷式（带有活动车顶），设两个车门的；有发动机前置，后部设行李舱的，也有少数发动机后置，前部设行李舱的。

通常，轿车的行驶速度高，要求有可靠的制动性，因此多采用真空助力装置和双管路制动系统，有的还有防抱死制动装置。为了防止车内碰撞伤人，车身内部装饰多用软塑料，各种操纵手柄和按钮都设置在有关部位的凹部，支撑方向盘的转向柱带有伸缩装置，座位上设有安全带。

值得一提的是，轿车在乘坐舒适性和操作简便性等方面都在不断改进。如有的车身内装有空调设备、收录音机和电视机；有的在结构上采用液压传动、动力转向和灯光自动控制等设备。

汽车今后的发展方向是不用汽油而使用更环保的清洁能源。

经典的福特T型车

1908年，基于简单、坚固、廉价的理念，福特公司生产出了世界上第一辆属于普通百姓的汽车——T型车。到1921年，T型车的产量已占世界汽车总产量的56.6%。T型车成了当时便宜和可靠的交通工具的象征。

最早的三轮汽车

1886年，德国人卡尔·本茨将一台四冲程单缸汽油发动机装在一辆三轮车上，制造出了世界上第一辆汽车。

【百科链接】

专利：

法律保障创造发明者在一定时期内由于创造发明而独自享有的利益。

公共交通与公交车
活力四射的越野车

马力：一种计量功率的单位，有米制马力和英制马力两种。1米制马力=75千克力·米／秒=735瓦，1英制马力=1.0139米制马力。

交通运输篇

■ 公共交通与公交车

公共交通泛指所有在收费条件下提供交通服务、有固定行驶路线和停车站的运输方式，也有极少数免费服务。广义上的公共交通包括民航、铁路、公路、水运、索道等交通方式；狭义的公共交通是指城市定线运营的公共汽车及铁路、渡轮等交通工具。

城市公共交通最早出现于英国。1829年，英国伦敦出现了第一辆公共马车，这是建立城市公共交通的里程碑。

公共汽车是指在城市道路上沿着固定路线承载旅客出行的机动车辆，一般外形为长方形，有窗，设置座位。它是目前城市公共交通系统中的主要交通工具，在一般的道路条件下可以四通八达，运输力强大。总的来说，公交车均以提供最大的载客量为目标，因此其通道等空间也供乘客站立。

公共汽车的种类也较多。按照格局分，公共汽车分双层、铰接（挂接）、低地台（低地板）三类，其中，双层、铰接汽车载客量较大。按照尺寸分，公共汽车又分为双层、单层大型、单层中型、小型四种。

近年来，各国都在积极大力地发展城市公共交通，以缓解交通及环境压力。

■ 活力四射的越野车

越野车，顾名思义，是指适宜在路面不良的道路或原野、山区、坡地、沼泽、沙漠和冰雪等无路面地区行驶的汽车，国际上简称G型车。

越野车

越野车一般都是四轮驱动的，如果一个轮子陷入泥中打滑，其他轮子仍能转动帮助汽车脱离困境。

最早的越野车是吉普车，即英文"jeep"的音译。美国将军乔治曾高度评价吉普车的战时表现，他认为"吉普是第二次世界大战中功不可没的功臣"。的确，吉普车在第二次世界大战中扮演了多种角色，如担架、火枪架、货车、侦察车、枪支弹药运输车、出租车等。

越野车通常采用四轮驱动，轮距大，可攀登60度陡坡或涉河，最高时速达90千米。它还有较高的底盘和排气管、较大的马力和粗大结实的保险杠，整体设计与普通轿车有明显区别。另外，越野车的软车篷可以收折，前面的风挡玻璃可以放平，这样就可以装上各种轻型武器或特种设备；安装装甲板后，军用越野车可以执行战斗任务；安装防水车体和螺旋桨后，则可水陆两用，真可谓活力四射。军用越野车特别适合于军事指挥、巡逻、侦察、战地救护或牵引轻型武器等。

伦敦双层巴士

英国伦敦1897年就出现了公共汽车，是世界上最早有公共汽车的城市之一。目前，伦敦市区共有公共汽车线路350多条，漂亮的红色双层巴士已经成为伦敦的标志。

【百科链接】

底盘：

底盘是指汽车上由传动系、行驶系、转向系和制动系四部分组成的组合。它承受发动机的动力，保证正常行驶。

汽缸：位于汽车发动机上，装有活塞用来压缩气体或者利用气体膨胀来进行热功转换的装置。汽车发动机常用缸数有3、4、5、6、8、10、12缸。

▶ 风驰电掣的方程式赛车
▶ 无污染的电动汽车

■ 风驰电掣的方程式赛车

方程式赛车是按照国际汽车运动联合会（FIA）规定标准制造的赛车。"方程式"即规则与限制的意思。具体而言，方程式赛车在车体结构、长度和宽度、最低质量、发动机工作容积、汽缸数量、油箱容量、电子设备、轮胎的距离和大小等方面都有严格规定。

方程式赛车使用的是四轮外露的单座位跑道用赛车，车身呈流线型，在前后部设有扰流装置和翼子板，全车由底盘、发动机、变速系统、轮胎和空气动力装置等构成，最低质量为505千克。方程式赛车的驾驶舱处于车身中央，在结构上是底盘的一部分。

方程式赛车的最独特之处在于它无与伦比的速度。以一级方程式赛车（F1）为例：通常，F1赛车从0加速到时速100千米只需2.3秒，由0加速到时速200千米再减速到0，也只要12秒。在一些条件相对较好的高速跑道上，F1赛车的最高时速甚至可达350千米。自1950年F1比赛开创以来，F1赛车在赛道上创造的官方极限速度纪录是372千米/小时，堪与波音747飞机的起飞速度相媲美。

■ 无污染的电动汽车

电动汽车本身不排放污染大气的有害气体，即使按所耗电量换算为发电厂的排放，除硫和微粒量，其污染物也较少。电动汽车还可以充分利用晚间用电低谷时富余的电力充电，使发电设备日夜都能充分得到利用，从而大大提高经济效益。这种汽车具有乘坐舒适安全、操作方便、噪音小、使用寿命长等优点。

轻巧灵活的电动汽车
由于电动机具有良好的牵引特性，因此电动汽车的传动系统不需要离合器和变速器，由控制器通过调速系统改变电动机的转速，即可实现车速控制。

目前，电动汽车所面临的困难是单位质量蓄电池储存的能量太少，未形成经济规模，故购买价格较贵，不易普及。至于使用成本，有些试用结果表明电动汽车的成本比汽车高，而有些结果又表明其使用成本仅为汽车的1/3，这些主要取决于电池的寿命及当地的油、电价格。

近年来，人们致力于研制适合电动汽车使用的先进蓄电池，以扩大电动汽车的使用效能。例如，芬兰研制成一种采用新式大功率蓄电池的电动汽车，充电后按时速90千米可在市区连续行驶150千米，最高时速可达120千米。

F1赛车
F1赛车是世界上最昂贵、速度最快、科技含量最高的运动用车。它有以空气动力学为主，加上无线电通信、电气工程等世界上最先进的技术。

【百科链接】

蓄电池：
将电能转化成化学能储存起来，用电时再经过化学变化放出电能的装置。

▶ 旅行房车：流动的家
▶ 备受关注的太阳能汽车

吉卜赛人：属高加索人，原住印度北部，现遍布世界各地，尤以欧洲为多。吉卜赛人经屡次迁徙，流浪世界各地，因此有"流浪的民族"之称。

交通运输篇

外形奇特的太阳能汽车

太阳能汽车首先要解决把太阳光转化为电能的问题，这就需要电池板和太阳光有较大的接触面，再加上需要减小风阻等，因而，太阳能汽车的顶棚一般都是扁平状的，看起来十分奇怪。

■ 旅行房车

流动的家

房车最早来源于"caravan"一词，原意是指中古时那些长途跋涉横越欧亚沙漠的商队。后来，人们把四处流浪的吉卜赛人的大篷车也称为房车，这就是旅居房车的雏形。发动机的出现和汽车的发明让房车开始了它真正的旅程：第一次世界大战末，美国人把帐篷、床、厨房设备等都搬到了家用轿车上。1920年，一些人把木结构的简易房架在T形底盘上，并富有创意地对内部进行装饰，旅行房车便由此演变而来。到1930年，房车采用飞机的结构设计，在车上安装了舒适的床、便利的厨房及供电、供水系统等。第二次世界大战后，美国发达

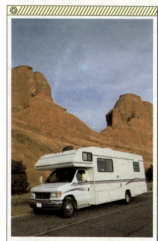

旅行房车

房车旅行集旅行、住宿、娱乐、烹饪、沐浴、工作于一体，是当今世界最受欢迎的旅行方式之一。

的公路系统使房车工业迅猛发展。20世纪50年代早期，房车逐渐演变成现在的家居式旅行车。

一般来说，旅行房车内设有舒适的卧室、清洁的卫生间、宽敞的客厅、整洁的厨房，还配有空调、彩电、VCD、冰箱、微波炉、煤气灶、沐浴器、双人床及沙发等，可供4～6人住宿。房车旅行是集旅行、住宿、娱乐、烹饪、沐浴、工作于一体的旅行方式，是当今世界最受欢迎的旅行方式之一。

■ 备受关注的太阳能汽车

太阳能汽车利用太阳能电池板将太阳光转变成电能，以推动汽车的电动机，使汽车开动起来。

最早的太阳能汽车出现在墨西哥，它的外形像一辆三轮摩托车，在车顶上架有一个装太阳能电池的大棚。在阳光照射下，太阳能电池供给汽车电能，使汽车时速可达40千米，但缺点是运行时间太短。

此后，很多国家都开始研制太阳能汽车。20世纪末，美国研制的"圣雷易莎"号太阳能赛车虽然同样采用普通硅太阳能电池，但其设计独特新颖，采用了像飞机一样的外形，可以利用行驶时机翼产生的升力来抵消车身的质量，并且安装了最新研制成功的超导磁性材料制成的电机，因此创造了在44小时54分钟内跑完3200千米的纪录。

太阳能汽车不仅节省能源，消除了燃料废气的污染，而且即使在高速行驶时噪声也很小。因此，太阳能汽车备受关注，引起了人们的极大兴趣，它必将在今后得到迅速的发展。

【百科链接】

电机：

产生和应用电能的机器，特指发电机或电动机。

■ 未来的智能汽车

智能汽车是一种正在研制的可以自动导航的无人驾驶的新型汽车，由一部道路图像识别装置、一部小型电子计算机和一套用电信号控制的自动操纵系统组成。智能汽车的前方装有两台电视摄影机，可不断扫描行车前方的道路空间，把前方的影像转换成视频信号。识别装置能看清前方5～20米的空间，并把高度在10厘米以上的物体作为障碍物来处理。然后，电子计算机对道路图像识别装置接收的信息进行分析，求出操舵角、速度、加速或减速的控制量，再和预先输入到存储器中的参数相比较，即可迅速得到有关操纵汽车运行的参数。随后，自动操纵系统就会发出指令信号，来控制和操纵汽车的转向器、节流阀、制动器等。

智能汽车可以根据事先的安排，遵循指定的路线把乘客送往预定的目的地。在行车时，它可以转弯，也可以超越前面的车辆。当遇到交通阻塞时，车内导航系统会引领本车绕道而行，并且可以随机应变，依据不同道路状况和速度变化状况自动启动、加速或刹车制动。在异常的情况下，智能汽车可以采取相应的紧急刹车。

■ 引人注目的安全气囊

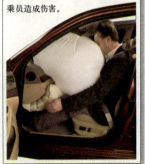

安全气囊的弹出

作为一种辅助性安全设备，安全气囊与安全带配合工作，才能起到最佳的保护作用。否则，在某些情况下，安全气囊展开时反而会对乘员造成伤害。

安全气囊是指汽车碰撞后、乘员与车内构件未发生二次碰撞前，迅速在两者之间打开的充满气体的气袋。它可缓和乘员受到的冲击并吸收碰撞能量，减轻乘员的伤害程度。安全气囊是现代轿车上引人注目的高技术装置。

有数据表明，自安全气囊面世以来，乘员死亡率明显降低。

【百科链接】

安全带：
飞机和机动车座位上安装的对人的身体起固定和保护作用的带子。

随着科技的发展，汽车智能安全气囊出现。这种气囊是在普通安全气囊的基础上增加某些传感器并改进安全气囊电子控制单元的程序制成的。其中乘员质量传感器能感知座位上的乘员是大人还是儿童；红外线传感器能探测出座位上是人还是物体；超声波传感器能探明乘员的存在和位置等。安全气囊电子控制单元则能根据乘员的身高、体重、所处的位置、是否系安全带以及汽车碰撞速度及碰撞程度等，及时调整气囊的膨胀时机、膨胀方向、膨胀速度及膨胀程度，以便给予乘员最合理、最有效的保护。

■ 最初的蒸汽火车

最初的火车是蒸汽火车。1802年，英国人特里维西克制成3.5个大气压的"高压蒸汽机"及第一台实验性蒸汽机车。1815年，他又制成了7个大气压和热效率超过7%的蒸汽机车。

1814年，史蒂芬孙研制出了从烟囱排蒸汽以使锅炉鼓风燃烧的机车。1825年9月，他终于制成了可供使用的蒸汽机车，这种蒸汽机车每小时

史蒂芬孙的蒸汽火车

史蒂芬孙于1814年制造了一台蒸汽机车，这台机车在前进时不断从烟囱里冒出火来，因此被称为火车。

能行驶24千米，载重90吨。

1826至1830年9月，史蒂芬孙和他的儿子一起制成了第一台载客运输火车"火箭式"，蒸汽机车铁路运输的时代从此开始。1872年，英国开始普及有座位的车厢，运客火车正式出现。

不过，由于蒸汽机车车体太笨重，燃料消耗率高，污染严重，后来逐渐被柴油机车和电力机车取代。

■ 内燃机车

喝柴油的火车

内燃机车是以柴油机作为动力的火车头。与蒸汽机车相比，内燃机车具有许多优点：它可以节约大量优质煤炭；它的热效率比蒸汽机车高3倍左右；它的运行准备时间短，启动加速快，线路通过能力可提高25%以上。

1924年，苏联制成了一台电力传动内燃机车，并交付铁路使用。同年，德国将柴油机和空气压缩机配接，利用柴油机排气余热加热压缩空气，将蒸汽机车改装成为空气传动内燃机车。

■ 电力机车

吃电的火车

1879年5月，德国人西门子设计制造了一台能乘载18人的三辆敞开式"客车"，这是电力机车首次成功的试验。

电力机车本身不带原动机，靠接受接触

电力机车

电力机车依靠装在车顶上的"大辫子"——受电弓把电力从架在空中的电线上引到机车里，使电动机旋转，从而带动车轮转动。

网送来的电流作为能源，由此牵引电动机驱动机车的车轮运行。它是通过机车顶上的受电弓来取电的，受电弓的最上部是碳滑条，碳滑条与接触网接触接受电流，把电网的电能源源不断地提供给机车。电力机车具有功率

【百科链接】

柴油机：

用柴油做燃料的内燃机，比汽油机功率高且燃料费用低，主要应用在载货汽车、机车、轮船和其他机器设备上。

大、热效率高、速度快、运载能力强和运行可靠等主要优点，而且不污染环境，特别适用于运输繁忙的铁路干线和隧道多、坡度大的山区铁路。

内燃机车

根据内燃机种类的不同，内燃机车可分为柴油机车和燃气轮机车。由于燃气轮机车的效率低、成本高、噪声大，因此其发展落后于柴油机车。在中国，内燃机车习惯上指的就是柴油机车。

■ 蓬勃发展的高速列车

高速列车一般指时速在200千米以上的火车。20世纪50年代初，法国工程师首先提出了高速列车的设想，并最早开始了试验工作。但是世界上最早的高速列车却是日本的新干线列车，于1964年10月开通，最高时速为300千米。此后，许多国家相继修建高速铁路，列车运行速度也一再提高。到目前为止，开通高速列车的国家有日、法、德、意、英、俄、中、瑞典等国。其中法国的TGV系列创下运行速度之最，1993年其速度曾达到每小时515千米。

高速列车不仅仅是高速，它还具有三点优势：一是速度快、省时间，安全系数高，乘坐空间大，舒适方便，价格又适宜，迎合了现代社会出行的需求，受到人们的青睐；二是高速列车运输系统是铁路大面积吸纳现代高科技成果进行技术创新的产物，它推动铁路科技和装备登上了一个崭新的台阶，增强了铁路的竞争力；三是高速铁路不仅运输能力特别大，还可减少环境污染，因而特别适于大运量的城市间、城市群和城郊间的高频率运输。旅行时间

德国磁悬浮列车

德国于1971年造出了世界上第一台功能较强的磁悬浮列车。它采用常导磁悬浮技术，由车上常导电流产生电磁吸引力，吸引轨道下方的导磁体，使列车浮起。这种技术产生的电磁吸引力较小，列车悬浮高度只有8～10毫米。这种车以德国的TR型磁悬浮列车为代表。

的节约、旅行条件的改善、旅行费用的降低，再加上国际社会对地球环保意识的增强，使得高速铁路在世界范围内蓬勃发展。

■ 磁悬浮列车

空中飞龙

磁悬浮列车是一种利用磁极吸引力和排斥力制造的高科技交通工具。它的工作原理实际上就是依靠电磁吸力或电动斥力将列车悬浮于空中并进行导向，实现列车与地面轨道间的无机械接触，再利用线性电机驱动列车运行。

磁悬浮技术的研究源于德国，早在1922年，德国科学家坎姆帕就提出了电磁悬浮原理，并于1934年申请了磁悬浮列车的专利。20世纪70年代后，德国、日本、美国、加拿大、法国、英国等国家相继进行磁悬浮运输系统的开发。

虽然磁悬浮列车仍然属于陆上有轨交通运输系统，但由于列车在牵引运行时与轨道之间无机械接触，因此从根本上克服了传统列车轮轨的黏着限制、机械噪声和磨损等问题。列车运行安全，平稳舒适，可以实现全自动化运行。

据测定，磁悬浮列车启动后39秒即可达到最大速度，目前的最高时速是552千米。我国上海市现已建成的试运行磁悬浮列车线路，列车最高时速可达500千米。

日本新干线高速列车

新干线是日本的高速铁路客运专线系统，也是世界上第一条载客运营的高速铁路，列车运行速度可达每小时270～300千米。

> 【百科链接】
>
> **磁极**
>
> 磁体上磁性最强的部分叫磁极。每个磁体都有两个磁极，即南极（S）和北极（N）。

▶ 最早的摩托车
▶ 无辐条的新型赛车

玻璃纤维：用熔融玻璃制成的极细的纤维，绝缘性、耐热性、抗腐蚀性好，机械强度高。广泛用于电绝缘材料、电池隔离板、化学滤毒器等。

交通运输篇

■ 最早的摩托车

1883年，德国工程师戴姆勒和他的助手迈巴赫经过执着的努力，终于研制出一台以汽油为燃料的内燃机。1885年两人将这台内燃机安装在一辆以橡木为车架、前轮直径为86.4厘米、后轮直径为86.6厘米的单车上。他们把这辆两轮车命名为"单轨道"号，世界上第一辆摩托车就这样诞生了。这辆摩托车由一台四冲程内燃机提供动力，气缸工作窖为264立方厘米，在每分钟700转时，功率可达0.5马力，时速可达12千米。车的后轮为皮带传动，两侧有辅助支撑轮。

1885年8月29日，戴姆勒申请并获得了专利，成为世界摩托车工业的鼻祖，而他的助手迈巴赫则成为世界上第一位摩托车骑士。

为了纪念戴姆勒这一伟大的历史发明，德国工程师协会尤登堡分会在他去世后为他立了纪念碑。

自1890年起至20世纪初，美国许多自行车厂纷纷转而生产机器驱动的脚踏车，极大地促进了摩托车的普及与发展。美国人把这种廉价的新车习惯地称为Motorcycle，即机动脚踏车。这种Motorcycle在晚清时传入我国，当时国内有人按照英语谐音的方式将Motor随口称为摩托，而将后面的Cycle音节省略，以车来代替，即我们现在常说的摩托车。

【百科链接】
辐条：
车轮中连接车毂和轮圈的一条条直棍或钢条。

■ 无辐条的新型赛车

早在1984年洛杉矶奥运会自行车赛上，无辐条碳素自行车轮胎就已出现。

一般来说，自行车由前后轴部件、辐条、轮辋和轮胎组成。而车轮的质量和轮胎的花纹、规格、质量等因素都会影响骑行的轻快性和舒适性。一般来说，轮辋和轮胎的质量应尽量减轻，以使骑行轻快。轻质轮辋由铝合金制造，通过辐条与轴连接。

对赛车来说，高速运转中的辐条的空气阻力是不可忽视的，而无辐条的新型赛车解决了这一问题。由于平板式车轮的轴壳辐条和轮辋变成一个整体，大大减小了快速行驶时的空气阻力。

无辐条的赛车

现在世界自行车赛场普遍使用无辐条的碟形轮新型赛车，可大大减弱快速行驶时的空气阻力。

由于这种赛车以高强度、轻质量的碳素纤维制成，因而非常轻盈。具体来说，赛车的车轮里面是轻质材料制成的蜂窝结构，外面覆以碳纤维材料的蒙皮，既轻巧又结实；车轮上安装的是充氮气的窄轮胎；用钛合金制的脚蹬比一般的脚蹬质量轻一半；车架是以铝管外包玻璃纤维材料制成的；车身比一般赛车窄30%，使空气更易流通，减小了气流阻力。这些设计都大大提高了赛车的速度。

世界上第一辆摩托车

1883年，戴姆勒发明了世界第一台高压缩比的内燃发动机。1885年，他把单缸发动机装到自行车上，制成了世界上第一辆摩托车。

破浪而来的船舶

■ 古老的独木舟

远古时代，人类的祖先以采集和渔猎为生时，大多聚集在有水的地方。

偶然间，人们发现了树叶会漂浮在水面上，笨重的树木落入江河中也总是漂浮在水面上。由此，他们认识到了水的浮力并尝试借助浮性良好的物体浮水渡河，这一过程经历了非常漫长的时期。

进入新石器时代后，人类制造出了石斧、石刀等工具，并已能人工取火。人们动手制作了由许多木头扎在一起的水上运载工具——木筏。之后，人类有意识地利用火和石斧等工具，把砍倒的圆木削平，将其中间掏空，制成了可以运载人和物品的独木舟，即船的雏形。在我国浙江余姚河姆渡新石器遗址出土的文物中就有独木舟模型，这是距今7000年前新石器时代的遗物。这说明，我国最晚在距今7000年前就已经有了独木舟。

木筏与独木舟是人类最古老的水域交通工具。从此，人们可以安全涉水，扩大了生产活动的领域。

■ 蒸汽轮船的出现

1765年，英国工程师詹姆斯·瓦特发明了双缸蒸汽机。1768年，他与英国伯明翰轮机厂的老板合作，研制了一台用于船舶推进的蒸汽机，这就是世界上早期蒸汽机船上普遍使用的博尔顿·瓦特发动机。从此，船舶的推动力从人力、自然力转变为机械力。

早期的蒸汽轮船都是明轮船。明轮貌似我国古代的水车，圆柱形轴上的蹼板在蒸汽机的带动下转动，推动船前进。

1802年，英国人赛明顿制造出了世界上第一艘蒸汽明轮船夏洛特·邓达斯号，其蒸汽机是瓦特式的。

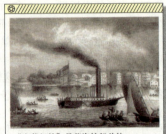

"克莱门特"号蒸汽轮船首航

1807年8月17日，美国人罗伯特·富尔顿研制的蒸汽轮船在哈德孙河上试航成功，时速8千米。虽然蒸汽机动力在早期的明轮船上只起辅助作用，但蒸汽轮船却是现代轮船的先驱。

夏洛特·邓达斯号在苏格兰运河上航行了31.5千米，却因明轮掀起的波浪损坏了河堤而被禁用。

相比之下，美国人罗伯特·富尔顿就幸运多了。1803年，他把锅炉、蒸汽机和明轮装到了内河航行的船舶上，后来终于成功研制出"克莱门特"号蒸汽轮船。这条船上装有两片42.6米的帆，蒸汽机只是作为辅助动力，这也是早期蒸汽船的一大特点。

"克莱门特"号蒸汽轮船于1807年8月17日在哈德孙河上试航，时速8千米。从此，富尔顿便以轮船发明家闻名于世，成为将蒸汽轮船推入实用阶段的第一人。

古老的独木舟

独木舟后来演变成木板船、舳板、舫船、帆船、楼船，直至今天的各类船舶。可以说，没有独木舟，就没有现代舰船。

【百科链接】

新石器时代：

石器时代的晚期，约始于距今8000年前。那时人类已能磨制石器、制造陶瓷，农业和畜牧业也已出现。

■ 豪华游艇

贵族的水上行宫

豪华游艇是一种用于水上娱乐的高级耐用消费品。它集航海、运动、娱乐、休闲等功能于一体，满足了个人及家庭享受生活的需要。因为它的价格超级昂贵，只有富豪才能玩得起，因此被称为富豪的大玩具。在欧美、澳大利亚等发达国家和地区，超豪华游艇向来是顶级富豪、社会名流以及贵族不可或缺的娇宠。

一般的豪华游艇，艇长在35米以上，艇上装有现代化的通信和导航等系统，有风格各异的酒吧和俱乐部、装饰精美的豪华餐厅、宽敞的游泳池、豪华的戏院等；室内配有高级设施，如柚木、皮革、镀金小五金件、不锈钢扶手、高级地毯、高档家具、现代化的电气设备、古董、字画、特殊的灯光设计等。有的豪华游艇还有直升机降落场、私人电影院等，从里到外彰显着豪华的气派。这种游艇不仅可供家族成员享乐，而且还是艇主从事商务、处理日常工作及社交活动的理想场所，也同时向贵宾或对手显示了艇主的经济实力。

■ 大鼻子的球鼻首船

球鼻首船是为了减少波浪阻力而出现的新船型。乍一看，这种船舶从外形到内部构造与一般船只没有什么不同，只是在船首装了个埋在水线下的"大鼻子"。

船首的"大鼻子"设计得当，可使船体与球鼻在水中航行时分别形成的波浪的波峰与波谷相遇而相互抵消。同时，由于首部线型改善，船体水线部分曲度缓和，也可有效减少涡流阻力，提高船舶推进效率。

球鼻首船适宜于海上航行，可用做客船、货船、油船。目前世界上生产的新型万吨轮大多采用了球鼻首。

球鼻首船的"大鼻子"

一般说来，不同形状的球鼻适合不同种类的船舶。例如，水滴形球鼻比较适用于航速较高的客货船，撞角形球鼻适用于油船、矿石船和散装货船。

【百科链接】

涡流：
流体旋转形成旋涡的流动。

球鼻首船的球鼻形状多种多样。有从前面看上去像一滴水的水滴形球鼻，有在船的前端伸出一个长尖角的撞角形球鼻，有像圆筒且顶端是一个半球或椭圆球的圆筒形球鼻，还有从侧面看是s形、正面看是v形的s—v形球鼻。此外，还有柱形、菱形、鱼雷形等各种形状的球鼻。

当然，球鼻首船也有不少缺点。例如，离靠码头和起抛锚时容易把球鼻碰坏；风浪大时，球鼻的效果也不太理想；球鼻本身容易损坏……这些都有待改进。

豪华的白色游艇

游艇在发达国家非常普遍，欧洲皇族和世界级富豪通常都拥有与自己身份匹配的专用游艇。而大游艇已经取代宫殿、不动产和艺术品，成为财富的终极象征。

双体船

目前，为满足使用要求，双体船大都逐步向大型化发展，并为提高速度和耐波性而尝试向复合船型发展。

■ 稳定的双体船

20世纪60年代，一种新型的半潜双体船出现了。半潜双体船是一种介于潜艇和水面船之间的特殊船型，这种船由下体、水上船体、支柱31个主要部分组成。下体是两个全潜于水下、彼此平行且对称、形状与潜艇或鱼雷相似的浮体，是半潜双体船产生浮力的主要部分；上体是一个完全高出水面以上，形状像一只长方形的箱体，它的内部是舱室，上面是宽敞的甲板；支柱是穿透水面将上体、下体连成一体的垂直翼状体，它的内部容积可作为上下体之间的通道。

每个下体可以由一个或两个，甚至多个支柱与上体相连。支柱的水线面很窄，但由于各支柱的水线面分散在左右前后，间隔较大，因此船体间有足够的距离，能充分保证船的纵向和横向的静稳性。支柱的水下体积还提供了小部分浮力。

与其他船舶相比，半潜双体船呈现出阻力小、耐波性能好、甲板宽、声呐探测效果好等优势，因而得到了人们的青睐，应用非常广泛。

■ 体形庞大的半潜船

半潜船是专门从事无法分割的超大型整体设备、特重特长大件运输的船舶。它可运输的超大型货物包括无动力的船舶、火车头、预制大型桥梁、海上石油钻井平台等。装载货物时，它通过本身压载水的调整，把装货甲板潜入水中，在水下对准将要承运的特定货物（像驳船、游艇、舰船、钻井平台等），然后慢慢浮起船身，使要运送的货物刚好落在半潜船的装货甲板上，然后将货物绑扎运到指定位置。卸下货物时，则采用与装载货物时相反的步骤。

由此看来，半潜船的主要工作原理十分类似于潜艇。所不同的是，潜艇要全部没入水下，而半潜

荷兰半潜船蓝枪鱼号

"蓝枪鱼"号是目前世界上最大的半潜船，长217米，载重量达7.6万吨，能运送7.3万吨左右的庞大构件。

【百科链接】

甲板：

轮船上分隔上下各层的板（多指最上面即船面的一层）。

▶ 水翼艇：水中"飞行"　英吉利海峡：又称拉芒什海峡，在英国和法国之间，西通大西洋，东北联通
▶ 气垫船：水上飞行　　北海，长560千米，平均宽180千米，是世界上海洋运输最繁忙的海峡。

>>>>>>>>>>>>
交通运输篇

船只要下潜一半，这也是半潜船名字的来历。

不过，建造半潜船的技术非常复杂，此前只有荷兰拥有此类船舶并垄断国际市场。我国是第二个拥有可以运输超大型货物的半潜船的国家。目前，全世界类似船舶仅有十多艘，我国中远集团所拥有的"泰安"号和其姊妹船"泰盛"号是其中设计最先进、功能最齐备、运营最实用的，代表了半潜船最先进的水平。

气垫船

全浮式气垫船除了能在水上高速行驶外，还能在沼泽地或陆地上行驶，不需要修筑特殊的公路，非常方便。

■ 水翼艇

水中"飞行"

水翼艇在艇底装了一副或两副水翼。水翼的形状类似飞机的机翼，其作用原理与飞机机翼相近：当装有水翼的艇体高速航行时，水流会由水翼剖面前端流至后端，由于水翼与水流之间有一个冲角，水流被水翼压在下面，就对翼面产生了向上的压力；另一方面，水流经过水翼上面时，水流走的路程较远，流速较快，双翼面的压力因而降低，这样，水翼就产生了向上的浮力。

水翼艇的动力装置一般采用轻型高速柴油机或燃气轮机，大多以水螺旋桨推进。

水翼艇具有良好的快速性。在静水中，与同吨位的排水型艇、滑行艇相比，水翼艇航速最高。全浸式自控双水翼艇还具有优越的适航性，能比同吨位的其他艇型提高两级海情左右。此外，水翼艇航行时形成的尾浪和航迹较小，传入水下的噪音也较小，因此对附近其他

船舶的影响较小。由于具有这些优点，水翼艇被广泛应用于民用和军用方面，并向大型化、高速化、水翼自动控制化、燃气轮机化、喷水推进化等方向发展。

■ 气垫船

水上飞行

气垫船又叫腾空船，是一种利用空气的支撑力升离水面的船。

【百科链接】

螺旋桨：
产生推力使飞机或船只航行的一种装置，由螺旋形的桨叶和桨毂构成。

1959年英国制成了世界上第一艘实际航行的气垫船。该船长9.1米，宽7.3米，试航中顺利穿行了英吉利海峡，充分显示了气垫船的优越性。

具体而言，气垫船的设计思路是：船底四周用橡胶带围衬，像弹性裙子一样限制空气逸出，形成一个气垫。这个气垫使船体与水面不直接接触，好像悬在空中一样。它由发动机从船体上方或四周吸进空气，然后由船体下方喷出。这样，利用船底与水面间的高压气垫作用，将空气压入船底，气垫船得以提升，从而实现快速航行。

气垫船多为客船，也用作渡船或交通船，采用航空发动机、高速柴油机等作为动力装置，航速可达每小时80海里。气垫船的最大优点是它能在一般的路面上行驶，非常方便。

水翼艇

跟其他的高速舰艇技术相比，水翼艇的主要优点是能够在较为恶劣的海况下航行，船身的颠簸较小，而且产生的水波也较少，对岸边的影响较小。

■ 集装箱船

运输大王

1957年，美国出现世界上第一艘集装箱船。它是由一艘货船改装而成的，其装卸效率比常规杂货船大10倍，从而使停港时间大为缩短，并减少了运输装卸中的货损。从此，集装箱船得到迅速发展，并以其高效、便捷、安全等特点，成为现代交通运输工具的重要组成部分。

与常规杂货船相比，集装箱船的形状和结构明显不同：它外形狭长，单甲板，上甲板平直，货舱口大，有的船呈双排或三排并列，货舱口宽度可达船宽的70%～80%。船体的上层建筑位于船尾或中部靠后，以空出更多甲板面积堆放集装箱，甲板和货舱口盖上有系固绑缚设备，甲板上可堆放2～4层集装箱。货舱内部装有固定的格栅导架，便于集装箱的装卸和防止船舶摇摆时箱子移动，货舱内可堆放3～9层集装箱。货舱内靠舷边部分因不便于装载集装箱，一般做成深舱，可装压载水以改善船舶稳定性。

据悉，现今最大的集装箱轮船可装载4500多个标准集装箱，而每个集装箱需要一辆载货汽车才能拉动。

集装箱船

集装箱船载货时重心较高，受风面积也比一般船舶大，因此对稳定性要求较高。装货时重箱宜放在底层，空箱和轻箱宜放在上层，以降低船舶重心。

■ 破冰船

冰海先锋

破冰船船头外壳用至少5厘米厚的钢板制成，里面由密集的钢构件支撑，船身吃水线部位用抗撞击的

破冰船

破冰船的长宽比例同一般海船大不一样，纵向短，横向宽，这样可以开辟较宽的航道。其船头外壳用至少5厘米厚的钢板制成，船身吃水线部位则用抗撞击的合金钢加固。

合金钢加固。破冰船一般有两种破冰方法：当冰层不超过1.5米厚时，多采用连续式破冰法。它主要靠螺旋桨的力量和船头把冰层劈开撞碎，每小时能在冰海航行9.2千米；如果冰层较厚，则采用冲撞式破冰法。冲撞破冰船船头部位吃水浅，会轻而易举地冲到冰面上去，船体就会把下面厚厚的冰层压为碎块。然后破冰船倒退一段距离，再开足马力冲上前面的冰层，把船下的冰层压碎。如此反复，就开出了新的航道。

1864年，俄国人将一艘小轮船派洛特号改装成世界上第一艘破冰船，为冰冻期通行提供保证。1989年，苏联开始建造"胜利50周年"号核破冰船。它是世界上最大的核动力破冰船，于1993年下水试运行，已在第二次世界大战胜利60周年之际正式竣工。

■ 潜水器

海底探索者

潜水器指具有水下观察和作业能力的活动

【百科链接】

集装箱：

具有一定规格、便于机械装卸、可以重复使用的装运货物的大型容器，形状像箱子，多用金属材料制成。

▶ 驳船：靠船带动的船　　　锚：钢铁制成的停船器具，用铁链连在船上，抛到水底，可以使船停稳。锚的
　　　　　　　　　　　　　　种类大致可分为有杆锚、无杆锚、大爪力锚及特种锚四大类型，共十多种。

交通运输篇

深潜水装置，又称深潜器、可潜器。第一个有实用价值的潜水器是英国人哈雷于1717年设计的。20世纪中叶后，出现了各种以科学考察为目的的自航潜水器。1953年，美国制造了第一艘带有小型电力推进器的"迪里雅斯特"号潜水器，并于1960年潜到太平洋马里亚纳海沟下10916米深处，创造了世界潜水最深纪录。

通常，载人潜水器的质量由1吨至几百吨不等。它有坚固的耐压壳，耐压壳外装有可减小航行阻力的外壳。潜水器上还安装了多个推进器，可朝不同方向运动，能够利用主压载舱、质量调整装置或纵倾调整装置来控制潜水器的稳定，其动力一般由蓄电池提供。

根据需要，潜水器还装有罗盘、深度计、障碍物探测声呐、高度深度声呐、方位探测听音机和各种水声通信设备等。

由于潜水器具有海底采样、水中观察测定以及拍摄录像、照相、打捞等功用，因此广泛应用于水下考察、海底勘探和开发、打捞、救生等，并可作为潜水员的水下作业基地。

■ 驳船

靠船带动的船

驳船是没有动力推进装置，靠机动船带动的船，出现于20世纪60年代。

一般来说，驳船的船型小、载重吨位小，主要用于内河浅狭航道的货物运输，属水路运输中的支线运输。其作用是将小批量几十吨的货物从内河码头驳运到深水港，再安排上干线船。由于集装箱运输的普及，现在很多驳船都可以柜装、散杂货混运。

驳船船型宽大、吃水浅、造价低廉，因此可以单只或编列成队由拖船拖带或由推船顶推航行。相比之下，由顶推船推动的驳船的阻力比拖船带动的阻力小，技术与经济效果也较好。一艘顶推船可带几艘甚至几十艘驳船，且速度较快，因而运费比普通的货船便宜30%～50%，成为很多国家内河运输的主力。

驳船种类很多。按用途分，主要有客驳和货驳。客驳专运旅客，设有生活设施，一般用于小河客运；货驳既用于载运货物，也用于货物中转。按船型分，驳船主要分普通驳和分节驳两种。普通驳备有锚和舵，而分节驳一般不设舵。

苏联"和平"号深海潜水器
1987年9月，苏联科学院海洋学研究所建成深海载人潜水器"和平"1号和"和平"2号。"和平"1号最深到达水下6170米，"和平"2号可深入水下6120米。

驳船
用分节驳船组成船队，可降低航行阻力，提高载货量，因此分节驳船在世界各国得到广泛应用。

铝合金：以铝为基础元素，并配以铜、硅、镁、锰等元素制成的合金。其强度高、塑性好，且具有优良的导电性、导热性和抗蚀性，广泛应用于工业。

▶ 莱特兄弟与双翼飞机
▶ 喷气式飞机

展翅翱翔的飞行器

■ 莱特兄弟与双翼飞机

1903年，仅有初中学历的莱特兄弟研制出了以12马力功率内燃机为动力的双翼机"飞行者"号，并进行试飞。第四次飞行中，"飞行者"号在59秒钟内飞行了260米，这是后来得到世界公认的第一次持续动力的自由飞行纪录，它宣告了一个新时代的到来。此后，莱特兄弟不断对飞机进行改进和研究，被誉为航空奠基人。

"飞行者"号的发动机重达90千克，动力却只有12马力。为增大升力，保持平衡，莱特兄弟采用双翼机型，以加大飞机的机翼面积。而且，机翼面积越大，飞机飞行的速度越快。"飞行者"号的飞行原理一直被沿用，其双机翼的造型也成了20世纪前30年飞机的典型特征。

双翼机使得空气对机体的阻力剧增，双翼反而成为影响飞机航速的一大阻碍。于是，以铝合金制成的单翼逐渐替代了以木头和金属骨架覆以布和合成板构成的双翼，这是飞机制造史上的一个重大突破。

■ 喷气式飞机

喷气式飞机指用喷气发动机做动力装置的飞机。喷气发动机工作时，燃料燃烧，向后喷射高速气流，其反冲作用使飞机获得巨大的推力，向前飞行。

波音747客机

波音747是全球首架宽体喷气客机，采用双层客舱布局，自从1970年投入运营以来，一直是全球最大的民航机，长期垄断着大型运输机市场。

世界上第一架喷气式飞机诞生于1939年8月第二次世界大战前夕的德国。1941年，英国一架格洛斯特E28-39型喷气式飞机也飞行成功。

喷气式飞机的出现是飞机制造史上的一次重大革新与进步。一方面，喷气式飞机克服了螺旋桨式飞机无法克服的音障问题，使飞机的超音速航行成为可能，极大地提高了飞机的飞行速度与效率；另一方面，喷气式飞机减少了螺旋桨式飞机的许多负荷，轻而有力，由此产生了过去不可想象的巨型飞机，飞机的运输能力大大提高。

第二次世界大战后，世界各国的飞机制造商都纷纷采用喷气式技术，出现了一场航空领域的"喷气式革命"。以此为契机，世界航空运输业迅速发展起来。从此，人类航空史进入了喷气机时代。

1952年，世界上第一架喷气式客机——英国的"彗星"号客机首航成功。直到今天，世界上绝大部分作战飞机和干线民航客机都早已实现了喷气化。

莱特兄弟试飞成功

1903年12月17日，莱特兄弟制造的第一架飞机"飞行者"号在美国北卡罗来纳州试飞成功，从此人类进入水、陆、空三栖时代。

【百科链接】

喷气发动机：

使燃料燃烧时产生的气体高速喷射而产生动力的发动机。喷气式飞机和火箭都使用这种发动机。

▶ 协和式客机：超音速飞行
▶ 水上飞机：在水面滑行

"9·11"事件：2001年9月11日，恐怖分子劫持4架民航客机撞击美国纽约世贸中心和华盛顿五角大楼。此次事件造成3000多人丧生。此后，美国经济一度处于瘫痪状态，一些产业受到极大冲击。

交通运输篇

■ 协和式客机

超音速飞行

世界上飞行速度最快的客机是协和式客机，不过现在已经停飞了。

水上飞机

水上飞机可在辽阔的江、河、湖、海等水面上使用，安全性好。它的主要缺点是受机体形状限制而不适于高速飞行，机身质量大，抗浪性要求高，制造和维修成本高。

20世纪中期，以波音707为代表的美国民航客机称雄于世界航空界。法国不甘心民航的天空变为美国的"殖民地"，极力促成英国与自己合作研究超音速民航飞机。1962年，法英两国正式签署了共同研制协和超音速民航飞机的历史性政府协议。

1969年，协和式客机由法英两国联合研制成功，最高飞行时速可达2200千米。协和式客机虽然性能优良，但它还是存在着几项致命的弱点：

一是经济性差。由于耗油率过高，载客量偏小，协和式客机的票价非常昂贵。

二是航程短。协和式客机的航程仅为5110千米，只能勉强飞越大西洋，这一航程无法发挥超音速飞机的优势。

三是噪声污染严重。协和式客机由于音爆水平高，所以被限制不得在大陆上空进行超音速飞行。

"9·11"事件后，民航业出现危机，协和式客机不得不于2003年停航，结束了它短暂的"光辉历程"。

■ 水上飞机

在水面滑行

水上飞机是指可以在水面上起落、漂浮的飞机，简称水机。

1910年，世界上第一架水上飞机在法国马赛湖上首次试飞成功。这架飞机由法国人法布尔制作，是世界上最早的水上飞机。

1911年，柯蒂斯在美国制造了第一架实用的水上飞机。1919年，美国水上飞机NC-4首次横渡北大西洋。20世纪30年代，水上飞机发展十分迅速，远程和洲际飞行几乎被它垄断。

像一般陆上飞机一样，水上飞机也有机身、机翼、动力装置、操纵机械和起落装置等，能够在空中飞行。不过，它的机身却与陆上飞机迥然不同，具有船舶和飞机的双重特点。机身类似船体的，称船身式水上飞机；有分离式浮筒的，称浮筒式水上飞机。无论哪种水上飞机，为适应水上活动，都必须满足以下条件：有足够的浮力，可以在水面滑行；速度达到飞行速度之前，必须有支承其质量的措施；起飞和降落时，要有一定的安定度并便于操纵；结构强度必须能经受降落时的冲击力；水阻力必须很小，以便获得合理的短起飞滑跑距离。

【百科链接】

浮筒：

漂浮在水面上的密闭金属筒，下部用铁锚固定，用来系船或做航标等。

协和式客机

协和式客机飞行速度达到2马赫时，由于空气摩擦使机体产生高热，在热胀冷缩效应下，机身可"变长"约24厘米。

■ 滑翔机

御风而行

1804年，被人称为"航空之父"的英国学者乔治·凯利爵士利用风筝做机翼制成了固定翼滑翔机模型。1809年，他又成功制造出了航空史上第一架全尺寸的可载人风筝滑翔机。1853年，他研制的滑翔机首次载人自由飞行，成为航空史上第一架比重大于空气的载人航空器。

不过，正式开始研究滑翔机的是德国人奥托·利林塔尔。1871年，他制成一架臂长7米，重达20千克的滑翔机，在试飞中滑行了300余米。之后，他先后对滑翔机进行了多次改进。

在利林塔尔滑翔机的基础上，人们制成了带上下复翼的滑翔机，还增添了水平尾翼和垂直尾翼。这种形式的滑翔机就成了后来飞机的原型。

进入20世纪，由于材料科学的发展，滑翔机大都采用了强度高、质量轻的材料制造，而且一般都装有帮助起飞的小型辅助发动机。随着滑翔机技术的进步，越来越多的先进滑翔机问世。

现在，滑翔飞行已经成为一种体育运动，并受到越来越多的人喜爱。

轻盈的滑翔机

在无风情况下，滑翔机在下滑飞行中依靠自身的重力和空气的浮力获得前进动力，这种损失高度的无动力下滑飞行称滑翔。在上升气流中，滑翔机可像老鹰展翅那样平飞或升高，这种飞行称为翱翔。

■ 热气球

最早的升空载体

【百科链接】

滑翔：
某些物体不依靠动力，而利用空气的浮力和本身重力的相互作用在空中滑行。

1783年，蒙戈菲尔兄弟用亚麻布和纸做成一只直径大约有30米的巨大气囊，在里昂安诺内广场做公开表演。

同年，蒙戈菲尔兄弟又在巴黎穆埃特堡进行了世界上第一次载人空中航行。热气球在巴黎上空飞行了25分钟，也因此成为最早的升空载体。

之后，法国科学院的年轻物理学教授夏尔认为，将比空气还轻的氢气填充在气球内，气球才可以顺利浮升起来。于是，他制造了氢气球并试飞成功。1783年，他与一名合作者乘氢气球从巴黎升空，翱翔了2小时后降落，行程43千米。然后，他单独一人再次起飞，气球攀升至2750米的高度，历时35分钟后安全着陆。这是人类历史上第一次氢气球载人飞行。

由于氢气易爆燃、易散逸，热气球中的气体逐渐被氦气取代。1935年，美国制造了"探险者"2号同温层气球，其中填充的就是氦气。它可以上升到2.2万米的

艳丽夺目的热气球

热气球具有几千立方米的体积和几十米的高度，可以在其上印制各种精美的图案，一个字母或汉字都可以做到十几平方米那么大。这样的热气球到空中极其鲜艳，因此被称为当今最时髦的广告载体。

高空，对宇宙射线、太阳光谱、对流层边界和地球凸度等进行考察。

■ 直升机

垂直起落

直升机是靠发动机驱动旋翼旋转产生升力，并通过特殊的传动机构和操纵系统改变升力的大小和方向，从而实现各种飞行的飞行器。

世界上正式研制直升机是在第一架飞机成功上天、有了较轻的发动机之后才开始的。1936年，德国人H.福克成功试飞了第一架公认的载人直升机——Fw61双旋翼横列式直升机。1942年，俄裔美国人西科尔斯基在VS-300的基础上成批生产了R-4单旋翼尾桨直升机。1946年，美国人L.贝尔制造的贝尔-47直升机获得美国首次颁发的直升机适航证，从此直升机进入实用阶段。

直升机由类似固定翼飞机的机身、动力装置、起落架和不同于固定翼飞机的旋翼系统、操纵系统等部分组成。直升机的头上有个大螺旋桨，尾部有一个小螺旋桨，小螺旋桨用以抵消大螺旋桨所产生的反作用力。直升机发动机驱动旋翼提供升力，把直升机举托在空中，旋翼还能驱动直升机倾斜来改变方向。由于直升机能垂直起降、定点悬停、定点回转、前飞、后飞和侧飞，因而具有广泛的军事和民事用途。

■ 警用直升机

缉捕快手

1966年6月，世界上第一架警用直升机"空中骑士"号在美国投入使用。自此，许多国家都配备了警用直升机。据统计，投入一架警用直升机的作用等同于出动30辆警车和100名警察；装备直升机的

贝尔-47直升机
贝尔-47是世界上第一架取得适航证的民用直升机。该机为翘板式单旋翼直升机，旋翼下面有稳定杆，与桨叶呈直角，尾梁后部有两个桨叶的全金属尾桨。

办案小组，其重案犯逮捕率是仅装备警车小组的6倍；警用直升机的空中优势使其监视范围可以达到地面警察的15倍。

巡逻中的直升机一般可在2分钟内抵达现场，能完成空中指挥、侦察、压制等多重职能，在高速追捕中不会受地面交通、行人和街道拐弯的影响。警用直升机与水陆警种协同作战，可构成打击犯罪的天罗地网。

警用直升机除了打击犯罪和追捕犯罪嫌疑人外，还可以实施空中救护。一旦接到遇险求援信号，警用直升机可以立即出动展开救援。随着直升机技术的发展和进步，警用直升机还能在恶劣气象条件或黑夜实施搜索救援任务，实现直升机救护的现代化。

【百科链接】

旋翼：
直升机机舱上面可以旋转的机翼。

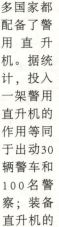

警用直升机
警用直升机一般装有性能先进的各种警务设备系统，具有全天候执行任务的能力，主要执行巡逻防控、反恐、防暴、突发事件处理等任务。

N524MW

POLICE

■ 超轻型飞机

家庭制造的飞机

超轻型飞机其实就是按质量分类的飞机中最轻的一类飞机，从20世纪70年代迅速发展起来。目前，全世界有40多家公司在生产这种飞机，年产量达1.8万架。我国也研制了"蜜蜂"2号和W5、W6"蜻蜓"超轻型飞机。1985年，我国第一架超轻型水上飞机普蓝号试飞成功。

超轻型飞机大多用铝合金和尼龙布、轻木、硬泡沫等材料构成，配置一台几十马力的小发动机，由简单的飞行仪表和发动机仪表组成，真可谓质量轻、体积小、结构简单。许多业余飞行爱好者都能在家里完成它的制造和装配，它在运输、使用和维护方面也较方便。

此外，超轻型飞机还具有许多优点，比如，所需滑跑距离短，起降方便；低空低速性能好，一般飞行时速50～100千米；具有良好的稳定性和操纵性，只有最基本的操纵件，驾驶起来容易；具有良好的滑翔性能，经济安全。因此，超轻型飞机广受人们喜爱，用途非常广泛。

■ 不可小觑的飞艇

作为一种有推进装置、可控制飞行的轻于空气的航空器，飞艇由巨大的流线型艇体、位于艇体下面的吊舱、起稳定控制作用的尾面和推进装置组成。艇体的气囊内充以密度比空气小的浮升气体（氢气或氦气），借以产生浮力使飞艇升空。吊舱供人员乘坐和装载货物，尾部用来控制和保持航向、俯仰的稳定。

超轻型飞机
超轻型飞机的飞行速度一般为50～100千米/小时，适于喷药灭虫、巡视交通、放牧等工作。

世界上第一艘飞艇是法国发明家亨利·吉法尔于1852年制造的。1872年，法国政府研制出了能按军用地图航行的飞艇，这种飞艇可载14人，最高升限达1020米。当时，飞艇广泛用于军事，但也开创了其商业飞行的时代。

近年来，随着科技的进步，飞艇技术发展很快，出现了许多新种类的飞艇。例如，预警飞艇是在高空或低空执行预警侦察的专用飞艇。它能够长期飘浮于空中，并利用各种隐蔽手段躲避敌人的攻击，同时能将敌情及时传送给指挥所。由于飞行高度的关系，这种比空气轻的飞行器可以避开暴风雪和狂风，长达数年地模仿同步卫星与地面保持相对固定的位置。

【百科链接】

气囊：
用涂有橡胶的布做成的囊，里面充满比空气轻的气体，多用来做高空气球或带动气艇上升。

雪茄形状的飞艇
相对于飞机，飞艇最大的优势就是它无与伦比的滞空时间。飞机在空中飞行的时间以小时为单位计算，而飞艇则是以天来计算。

飞出地球的航天器和太空生活

■ 火箭

探索空间的使者

火箭是一种利用发动机反冲力推进的飞行器。

火箭燃料是自带的固体或液体的化学推进剂，它燃烧产生热气，向火箭后部喷出气流，产生巨大的推力，使火箭在很短的时间内迅速升入高空。随着燃料不断减少和与地球距离不断增大，火箭的质量和所受重力不断减小，火箭速度就会越来越快。

当火箭达到7.9千米/秒（第一宇宙速度）时，它的飞行轨迹的曲面正好与地球的曲面相同，这时火箭就会绕地球飞行，而不落回地面。如果火箭达到第二宇宙速度11.2千米/秒，它就可以不受地球引力的影响，而到太阳系内的行星际空间旅行。如果想要飞出太阳系，到更遥远的宇宙空间去旅行，火箭就需要摆脱太阳的引力，必须达到16.7千米/秒的第三宇宙速度。

火箭之父罗伯特·戈达德
罗伯特·戈达德是美国最早的火箭发动机发明家，他于1926年成功发射了世界上第一枚液体火箭，被誉为美国的"火箭之父"。

由于火箭的速度很快，它可以用来运载人造卫星、宇宙飞船等，也可以装上弹头或制导系统等制成导弹。可以说，火箭是人类探索宇宙空间的使者，火箭的发明是人类迈向太空的第一步。

■ 运载火箭

人类飞向太空的得力助手

运载火箭指由多级火箭组成，把人造地球卫星、载人飞船、空间站、空间探测器等人造天体送入预定轨道的航天运输工具。

运载火箭是人们飞向太空的得力助手，它的运载过程并不简单。当运载火箭第一级发动机点火后，会产生巨大的轰鸣声，这时火箭拔地而起，直冲云霄，并开始加速飞行。几十秒钟后，运载火箭开始按预定计划向预定方向调转。再过几十秒，火箭就会穿过大气层，到达六七十米的高空。待第一级火箭关机熄火后，它就会自动分离并落下来。

接着，第二级发动机点火，推进第三级火箭和人造天体继续加速前进。此时，火箭的飞行轨道开始向地面弯曲。当第二级火箭按计划熄火分离时，火箭将不再加速飞行，而是在地球的引力及自身的惯性作用下，携着人造天体自由滑行。

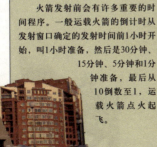

发射架上的火箭
火箭发射前会有许多重要的时间程序。一般运载火箭的倒计时从发射窗口确定的发射时间前1小时开始，叫1小时准备，然后是30分钟、15分钟、5分钟和1分钟准备，最后从10倒数至1，运载火箭点火起飞。

【百科链接】

曲面：
曲线按一定条件运动的轨迹，如球面、圆柱面等。

加加林：全名尤里·阿列克谢耶维奇·加加林，苏联航天员。1961年4月12
日，驾驶"东方1号"飞船的他成为世界上第一个进入太空的人。

▶ 人造卫星
▶ 宇宙飞船：运送航天员的航天器

当第三级火箭到达与人造天体预定轨道相切的位置时，第三级火箭开始点火并进行加速。直至人造天体达到所需要的环绕速度，它才把人造天体弹出，并关机熄火。至此，人造天体成功进入预定轨道，运载火箭的使命就完成了。

■ 人造卫星

人造卫星是由人类建造，用太空飞行载体发射到太空中，像天然卫星一样环绕地球或其他行星运行的装置。

人造卫星的运行轨道（除近地轨道外）通常有三种：

国际通信卫星

一颗静止轨道通信卫星大约能够覆盖地球表面的40%，使覆盖区内的任何地面、海上、空中的通信站能同时相互通信。

1. 地球同步轨道，即运行周期与地球自转周期相同的顺行轨道。从地面上来看，轨道上运行的卫星是静止不动的，所以它叫做地球静止轨道。一般通信卫星、广播卫星、气象卫星都选用这条轨道。

2. 太阳同步轨道，即轨道平面绕地球自转轴旋转，方向与地球公转方向相同。在这条轨道上运行的卫星，以相同的方向经过同一纬度的当地时间是相同的。地球资源卫星一般采用这种轨道。

3. 极地轨道，即倾角为90度的轨道。在这条轨道上运行的卫星，每运行一圈都要经过地球两极上空。气象卫星、侦察卫星常用此种轨道。

迄今为止，我国已发射了诸多卫星。令人激动的是，2007年10月24日，我国"嫦娥"一号探月卫星成功发射，成为我国目前发射的飞行距离最远的航天器。

■ 宇宙飞船

运送航天员的航天器

宇宙飞船又称载人飞船，是一种运送航天员到达太空并安全返回的一次性使用的航天器。运行时间一般是几天到半个月，可载2～3名航天员。载人飞船用于天地往返运输，还可与空间站或其他航天器对接后进行联合飞行。

世界上第一艘载人飞船是苏联于1961年4月12日发射的"东方"1号宇宙飞船。加加林成为第一个进入太空环绕地球飞行的人。

【百科链接】

对接：

指两个或两个以上航行中的航天器（航天飞机、宇宙飞船等）靠拢后接合成为一体。

"东方"1号宇宙飞船

苏联的"东方"1号宇宙飞船是世界上第一艘载人飞船。1961年4月12日，航天员加加林乘坐"东方"1号宇宙飞船绕地球飞行108分钟，成为进入太空的第一人。

■ 探测月球和行星的空间探测器

空间探测器是对月球和月球以外的天体和空间进行探测的无人航天器，又称深空探测器，包括月球探测器、行星和行星际探测器。探测的主要目的是了解太阳系的起源、演变和现状；进一步认识地球环境的形成和演变；探索生命的起源和演变。空间探测器实现了对月球和行星的逼近观测和直接取样探测，开创了人类探索太阳系内天体的新阶段。

"勇气"号火星车（效果图）

因为火星呈现炙热的火红色，所以西方人冠之以战神（Mars）之名。2004年1月4日，美国"勇气"号火星车在火星表面成功软着陆。

1959年1月，苏联发射了第一个月球探测器——"月球"1号。此后，美国和苏联先后发射了100多颗行星和行星际探测器。

1977年，美国成功发射了"旅行者"1号和"旅行者"2号探测器，对太阳系外层行星进行首次探测。它们于1979年飞越木星，"旅行者"1号于1980年飞越土星，朝着冥王星飞去；"旅行者"2号于1981年飞越土星，1986年飞越天王星，1989年飞越海王星，并朝着更远的空间挺进。

■ 火星探路者

为探测火星的真面目，1962年以来，美国和苏联先后发射了十几个火星探测器，对火星进行了就近观察探测和实验。

1992年9月25日，"火星观察者"号探测器发射成功。它重2.5吨，携带了7部仪器。经11个月，飞行7.2亿千米后，它到达了距火星表面378千米的近极轨道，对火星进行了长达687天的观测考察，绘制了

"旅行者"号探测器

除了科学仪器外，"旅行者"号探测器上还携带了一张镀金铜板声像片和一枚金刚石唱针，可以在宇宙中保存10亿年。声像片上记录了用54种人类语言向外星智慧生物发出的问候语、117种地球动植物的图形，以及长达90分钟的各国音乐录音。

整个火星表面图，测量了火星的各种数据，进一步揭示了火星上有无处于原始阶段的生命现象，为未来人类移居火星探寻道路。

1997年7月4日，"火星探路者"号在火星表面成功着陆，重10千克的6轮"旅居者"号火星车缓缓驶离飞船，落到火星地表。其本身携带太阳能板，可以利用太阳能移动和工作，利用无线电遥控传递信息，与地面保持联系，并按照地面操作进行活动。

2002年3月，美国国家航空航天局喷气推进实验室宣布，火星表面附近有巨大的冰层，含有尘埃、泥土和碎石。这是人类第一次在火星表面发现基本化学元素的存在，并为火星上曾有生命存在的说法提供了有力证据。

2020年4月24日，中国行星探测任务被命名为"天问系列"，首次火星探测任务被命名为"天问一号"。

阿姆斯特朗：全名尼尔·奥尔登·阿姆斯特朗，美国航天员。1969年7月20日，他乘"阿波罗11号"飞船首次登月，在月球上度过了21个小时。

▶ 航天飞机：可循环使用的航天器
▶ 登月舱与月球车

■ 航天飞机

可循环使用的航天器

航天飞机本质上是一种火箭飞机，它依靠火箭发动机来提供动力。航天飞机既可以在大气层中穿行，又能在行星际空间翱翔，它结合了飞机与航天器的性质。航天飞机的机翼在返回地球时可以起到空气煞车作用，在降落于跑道时可以提供升力。航天飞机升入太空时跟其他单次使用的载具一样，是用火箭动力垂直升入。所以，人们把航天飞机看作飞船与飞机的"混血儿"一点也不过分。

航天员走出登月舱

1969年7月20日，美国登月计划实施成功，登月舱在月球表面着陆，航天员阿姆斯特朗率先踏上月球荒凉沉寂的土地。

航天飞机在太空活动中担当的任务主要有三种：太空行走、空间运输和维修、施放卫星。其中，空间维修是载人航天飞机的一种特殊勤务活动。它的应用范围很广，包括对各种航天器和航天设备的回收、修复和更换等。

当然，航天飞机的应用并非一帆风顺。美国"挑战者"号航天飞机、"哥伦比亚"号航天飞机的空难都令人记忆犹新。由于费用高昂和潜在风险，2011年7月21日，随着"阿特兰蒂斯"号结束最后一次太空之旅，美国的航天飞机已全部退役。

"哥伦比亚"号航天飞机发射升空

"哥伦比亚"号航天飞机于1981年4月12日首次发射升空，是美国最老的航天飞机。它在2003年2月1日执行第28次任务后重返大气层时，不幸在空中爆炸解体。

■ 登月舱与月球车

登月舱是用来载送航天员在月球轨道上的飞船和月球表面之间往返的交通工具。由于月球上没有空气，登月舱只能用火箭引擎推送，并可像直升机一样作垂直升降。

1969年7月20日，美国"阿波罗"11号飞船登月舱安全降落在了月球表面，航天员阿姆斯特朗稳步走下舷梯，站在了月球的土地上。这是人类第一次踏上月球。

与登月舱不同，月球车是一种能在月球表面行驶，并对月球考察和收集分析样品的专用车辆。它主要分为无人驾驶月球车和有人驾驶月球车两大类。

无人驾驶月球车由轮式底盘和仪器舱组成，用太阳能电池和蓄电池联合供电。这类月球车的行驶受地面遥控指令控制。1970年11月17日，苏联的"月球"17号探测器把世界上第一台月球车送上月球，在月壤上行驶了10.5千米。

有人驾驶月球车的每个轮子都各由一台发动机驱动，靠蓄电池提供动力，轮胎在低温下仍可保持弹性。航天员操纵手柄驾驶月球车，可向前、向后、转弯和爬坡。

2013年12月2日、2018年12月8日，我国先后用长征三号乙运载火箭在西昌卫星发射中心成功发射了"嫦娥三号""嫦娥四号"月球探测器。"嫦娥三号""嫦娥四号"月球探测器分别携带着"玉兔号"和"玉兔二号"月球车。

■ 空间站

迈向太空的中转站

空间站又名航天站或轨道站，是可以供多名航天员巡访、长期工作和居住以及生产试验的载人航天器，是目前在太空中运行的质量最大、容积最大、技术最复杂的人造天体。

空间站是宇宙飞船发展的必然结果。它的体积更大、活动更自由，可以装载更多的生活用品和仪器设备，就像一个搬到太空中的航空母舰。空间站一般重达数十吨，可居住空间达数百立方米。空间站的使用寿命长，可以扩展和延伸，同时还具有修复能力，能定期检修，按时更换设备，显示出很强的活力。

苏联的"礼炮"1号空间站是世界上第一个空间站。

1983年，美国总统里根首次提出建设国际空间站的设想，即在国际合作的基础上，建造迄今为止最大的载人空间站。经过十余年的探索和多次重新设计，国际空间站于1993年设计完成。该空间站以美国、俄罗斯为首，包括加拿大、日本、巴西和欧空局（11个国家）等共16个国家参与研制，其设计寿命为10～15年。

中国空间站成为了中国空间科学和新技术研究实验的重要基地，促进了中国空间科学研究进入世界先进行列，为人类文明发展作出了贡献。

■ "和平"号空间站

十五载的辉煌

"和平"号空间站是苏联建造的第三代空间站，也是世界上第一个长久性空间站（站上长期有人工作）。它的出现为人类航天史谱写了光辉的一页。

"和平"号空间站的核心舱于1986年2月20日发射成功。它共有6个对接口，可

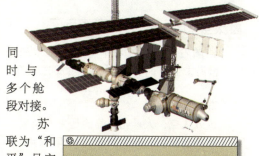

同时与多个舱段对接。

苏联为"和平"号空间站制造了3个对接舱：1987年对接的量子-1号、1989年对接的量子-2号、1990年对接的晶体舱。

后来，俄罗斯又发射了3个舱段与"和平"号空间站对接：1995年发射的光谱号和一个航天飞机对接舱，以及1996年发射的"和平"号空间站的最后一个舱体——"自然"舱。自此，"和平"号在轨组装完毕。

整个"和平"号空间站是一个阶梯形圆柱体，它由工作舱、过渡舱、非密封舱三个部分组成，可与载人飞船、货运飞船、4个工艺专用舱组成一个大型轨道联合体。

"和平"号空间站的设计寿命为5年，但它实际上运行了15年多，创下了许多难以超越的纪录。例如，共有35艘载人飞船、62艘货运飞船、9架次美国航天飞机与它对接，134人次进站工作等。

2001年，已完成使命的"和平"号空间站告别了太空。

国际空间站
　　国际空间站由美国、俄罗斯、加拿大、日本、巴西和欧空局等共16个国家共同研制，建成后总质量将达43.8万千克，长108米。

美国空间站天空实验室
　　天空实验室是美国第一个试验型空间站，是通过两次发射对接而成的。第一个轨道空间实验室发射于1973年5月14日，直到1979年7月安全坠毁，共在宇宙空间运行了2246天，航程达14亿多千米。

【百科链接】

欧空局：
　　欧洲太空局的简称，英文缩写ESA，是欧洲国家组织和协调空间科学技术活动的机构。

■ 太空里的生活

伴随着人类科技水平与航天技术的进步，漫游太空已不再是一个遥不可及的梦想。

奇妙的失重

进入太空，人最先面临的是失重现象。在失重的情况下，航天员的行动和工作都十分困难，甚至很难将一件物体放置在一个固定的位置上。

太空行走

人们在太空中不能像在地球上一样行走。为此，科学家研制了一种专供航天员在太空行走的载人机动装置，叫做喷气背包。

喷气背包的外形像一把有扶手和踏板的座椅，航天员通过扶手上的开关控制背包上的微型喷嘴（每个喷嘴可产生约7牛的推力），实现各个方向的移动。在太空中机动行走的最高时速为64千米，最低时速为0.5千米。

太空中进餐

载人航天的初期，航天员主要食用铝管包装的膏糊状食物，进餐时用手挤管壁，通过进食管将食物直接送入口中。

目前航天飞机上的食品达百余种，饮料二十多种。它们一般都质量轻，体积小，不会因航天器发射时的震动而散开。

洗澡与如厕

航天站内的洗澡间顶棚上固定着圆形水箱、喷头和电加热器。浴室的地板上有许多小孔，下面是废物集装箱，用于盛废物和污水。上面压水，下面抽水，就达到了水从上往下流的效果，便于航天员洗澡淋浴。

太空中的洗手间也是真空的。航天员上厕所时必须坐在精心设计的马桶上，将两脚先放进固定的脚套里，腰间用座带绑好，用手扶着手柄。如果是大便，不是用水冲，而是用一个特别的抽气机，将粪便吸进塑料盒里。如果是小便，也是利用抽气机，将其吸进一个特别形状的杯子里，经过橡皮管灌进地板下的污水池里。

在太空中洗澡

在太空中洗澡是一件非常麻烦的事，而且据说洗一次澡的花费大约在10万美元左右。

太空中睡觉

太空中没有方向之分，航天员无论是站着睡、躺着睡还是倒着睡，都是一样的。多数航天员喜欢将睡袋紧贴着舱壁睡觉，因为采用这种睡眠方式，后背可以伸直，有利于预防腰背痛。

■ 空天飞机

航天飞机的下一代

空天飞机是航空航天飞机的简称，是一种在大气层内外均能航行、水平起飞和降落的新型飞行器。它是一种能重复使用

太空行走

太空行走是指航天员离开载人航天器的乘员舱，只身进入太空的出舱活动，是载人航天工程在轨道上安装大型设备、进行科学实验、施放卫星、检查和维修航天器的重要手段。

空天飞机（想象图）
用空天飞机发射、维修和回收卫星，不需要庞大、复杂的发射场和长时间的发射前准备，而且完成任务后稍加维护就能再次起飞，将使人类更加方便地进入太空。

的天地往返运输系统，起飞时使用喷气式发动机；在30千米高度以上，达到5～6倍音速时，使用冲压式空气喷气发动机；在30～100千米高空，飞行速度为12～25倍音速时，进入地球轨道，成为航天飞行器，也可转而使用火箭发动机进入太空轨道。

但是空天飞机需要3种动力装置的准确组合和切换，高强度、耐高温的材料，以及具有人工智能的控制系统等。这些都还需要科学家进行大量的研究和技术攻关。

■ 太阳帆

未来的航天器

太阳帆是一种利用太阳光的光压进行宇宙航行的航天器。操作规则是：先用火箭把太阳帆送入低轨道，然后凭借太阳光压的加速，使它从低轨道升到高轨道，甚至加速到第二、第三宇宙速度，飞离地球，飞离太阳

系。如果帆面直径为300米，太阳帆就可把0.5吨的航天器在200多天内送到火星；如果直径达到2000米，它就可使5吨的航天器飞出太阳系。

太阳帆的工作原理，就是将照射过来的太阳光反射回去，由于力的作用是相互的，太阳帆将光子"推"回去的同时，光子也会对太阳帆产生反作用力。就是靠这种反作用力，飞船便被"推"着前进。专家说，太阳光是一种取之不尽的能源，从这一点上来说，远距离的太空旅行中，使用太阳帆比使用传统的火箭推进器要更胜一筹。

■ 异想天开的航天飞缆

航天飞缆是尚处于实验测试阶段的新技术。

航天飞缆是一种采用柔性缆索将两个物体连接起来的系统。在太空飞行中，飞缆系统能为自身和航天器提供电能。它提供的电能是纯化学反应产生电能的3倍，而同样使用氢和氧的燃料电池则不具备这种优点。一个位于低地轨道上的20千米长的缆索系统可产生40千瓦的功率，足以驱动载人飞船上的研究设备。

同时，航天飞缆还对航天器有拖曳力，可以降低或增高其在轨道中的飞行速度，使其保持在合适的轨道上。它还能清理地球轨道空间中的残骸等太空垃圾。

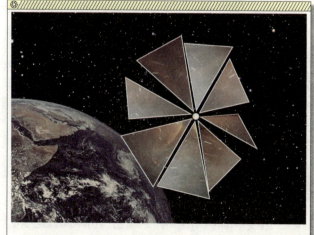

未来的航天器

【百科链接】

宇宙速度：
物体能够克服地心引力的作用进入星际空间的速度。

交通安全科技 ⚜

■ 红绿灯的由来

19世纪初，在英国中部的约克郡，女性以红、绿装分别代表自己的不同身份：红装表示已婚，绿装则表示未婚。受此启发，英国机械师德·哈特设计、制造了一个高7米的灯柱，上悬红、绿两色的机械扳手式提灯——煤气交通信号灯，置于经常发生马车撞人交通事故的议会大厦广场，用以指挥马车通行。该红绿灯由红、绿两色旋转式方形玻璃提灯组成，红色表示停止，绿色表示注意。这是设立在城市街道上的第一盏信号灯。

随着各种交通工具的发展和交通指挥的需要，1914年，电气启动的红绿灯出现在了美国的克利夫兰市，稍后又在纽约和芝加哥等城市相继出现。

而第一盏名副其实的三色灯（红、黄、绿三种标志）则于1918年诞生。这种三色圆形四面投影器被安装在了纽约市五号街的一座高塔上。它的诞生使城市交通大为改善。

从此，红、黄、绿三色信号灯构成了一个完整的指挥信号家族，并遍及全世界陆、海、空交通领域。

红绿灯
信号灯的出现使交通得到有效管制，对于疏导交通流量、提高道路通行能力、减少交通事故有明显效果。

段的交通状况，及时发出控制命令，随机应变地采取行之有效的疏导车辆的措施。假如有消防车、救护车要通过某一路口时，各路口的电视摄像机就会把情况及时反馈给控制中心，电脑就迅速发出命令，使路口变为绿灯，允许这些车辆通过。

【百科链接】

摄像机：
用来摄取人物、景物并记录声音的装置。它可将图像分解并变成电信号，用来拍摄文体节目、集会实况等。

■ 计算机指挥交通

近年来，世界上许多大城市里的汽车数量骤增，道路经常堵塞，给人们的出行造成很大困难，交通事故频发。20世纪60年代以来，许多国家都开始研究并使用计算机来指挥交通。

用电子计算机指挥交通，首先要建立一个交通控制中心。在中心的控制室里有计算机和大型的显示板，它们能够收集、显示和分析各路口和路

庞大的城市交通网
城市的道路交通网根据当地自然条件、运输需要以及总体布局的不同，形成多种不同的结构形式，包括方格式、放射式、环形、扇形、组合式和自由式等。

在盛产石油和天然气的科威特，国民非常富有，几乎每个家庭都有小汽车。但奇怪的是，这个国家没有指挥交通的交警。原来，这里的交通管理工作全部由电子计算机承担。电子计算机不仅能全面有效地指挥车辆有秩序地行驶，而且还能对违章车辆作出处罚决定。

■ 交通标志

车辆的向导

早在古罗马时期，人们就在大道上设置了里程碑和指路牌，这算得上是初期的交通标志。

1903年，法国最早在全国范围内采用统一的交通标志。现在，国际安全色标准中确定的标志形状是圆形、三角形、长方形和正方形。

我国的交通标志分为主要标志和辅助标志两大类，共计100多种。其中，主要交通标志有四种：

1. 指示标志：用以指示车辆和行人按规定方向、地点行驶。

2. 警告标志：用以警告驾驶员注意前方路段存在危险和必须采取的措施，如预告前方是道路交叉口、道路转弯等。

3. 禁令标志：对车辆加以禁止或限制的标志，如禁止通行、禁止停车、限制速度、限制质量等。

交通标志牌

　　根据国际规定，交通标志中红色与白色、红边一并在圆形牌面上使用时为禁令标志；黄色和黑色一并在三角形牌面上使用时为警告标志；蓝色和白色一并在圆形牌面上使用时为指示标志；绿色和白色一并在方形牌面上使用时为指路标志。

4. 指路标志：用以指示市镇村的境界、目的地的方向和距离、高速公路出入口、著名地点所在等。

交通标志中还有一种重要的可变信息标志。它能储存多种信息，及时反映因天气、自然灾害、交通事故等原因而发生变化的路况信息，大大方便了人们的出行。

■ 铁路信号

列车的向导

铁路信号是指示列车运行和调车工作的命令，一般由竖立在铁路两旁的系统发出。按照列车前方路线的情况，铁路信号会向列车驾驶员传送不同的信息，驾驶员根据信号判断下一步行动。

铁路信号机

　　铁路信号机固定装设在铁路线路两侧或上方，是列车运行指挥信号中的主要信号设备。

世界上最早的铁路信号出现在1825年的英国。当时，正值世界上第一列列车运行，英国列车部门专门派遣一个人持信号旗骑马前行，引导列车前进。渐渐地，铁路信号逐渐转变为由球形固定信号装置或电报等传送，后来又采用信号机传送信号。

目前，铁路信号分为视觉信号和听觉信号两大类：视觉信号的颜色和作用是红色——停车；黄色——注意或减速；绿色——按规定的速度运行。听觉信号则诸如号角、口笛等发出的音响，以及机车、轨道车的鸣笛。不同的鸣笛鸣示方式表示不同的信号含义。

正是因为有了这些形形色色的信号装置，不论是在风和日丽、晴空万里的日子，还是在风雨大作、飞沙走石的恶劣气候中，或是在漆黑一片的夜晚，疾速奔驰的列车才总能按规定的时间正点有序地运行在铁路线上。

【 百科链接 】

正点：

　　（车、船、飞机等开出、运行或到达）符合规定时间。

■ 航标

船只的向导

航标指用来帮助船舶定位、引导船舶航行、表示警告和指示碍航物的人工标志，全称为助航标志，是船只航行的向导。根据所处位置，航标分为海区航标和内河航标两类。海区航标又分目视航标、音响航标和无线电航标三种。

灯塔是海区中最有名的目视航标，也是使用最多最方便、历史最悠久的航标。灯塔起源于古埃及的信号烽火。世界上最早的灯塔建于公元前7世纪，位于达达尼尔海峡的巴巴角上，像一座巨大的钟楼矗立着。人们在灯塔里燃烧木柴，利用它的火光指引航向。

18世纪末至19世纪，相继出现反射镜灯塔、透镜灯塔、电力灯塔等。

目前，灯塔的发光能源主要采用电力，发光器的发光体中心位于聚光透镜的焦点，光源辐射出呈球面的光通过聚光透镜成为有一定扩散角的平行光束。灯塔的射程可达30海里左右，光的强度可达数亿烛光。灯塔的灯质分为闪光、定光和明暗光等，灯色有红、白或绿、白几种。通常以红、绿光表示光弧内有障碍物。

■ SOS求救信号

船舶在茫茫大海中航行时，一旦发生意外，只要发出SOS信号，附近船只接收到信息便会驶往出事地点，搭救遇难者。SOS到底是什么意思呢？

20世纪初，随着航海业的迅速发展和海上事故的日益增多，在第一届国际无线电会议上，与会者专门讨论了表示船舶遇难的无线电信号，但并无定论。此后不久，英国马可尼无线电公司宣布，在当时欧洲铁路

水上救援快艇

人们在海上遭遇事故时，只要发出SOS信号，附近的船只接到信号便会急速驶往出事地点，搭救遇险者。

【百科链接】

焦点：
平行光线经透镜折射或抛物面镜反射后的会聚点。

无线电通信的一般呼号CQ后边加上一个字母D，即用CQD作为船舶遇难信号。然而，由于CQD信号只在安装有马可尼公司无线电设备的船舶上使用，且容易与一般呼号CQ混淆，因此并未得到广泛认可。

1906年，第二届国际无线电会议讨论了诸多救难信号方案，最后宣布SOS为国际统一的遇难信号，于1908年7月1日生效使用。同时，废除其他信号，包括当时的CQD。

然而，当时的许多船舶依然使用CQD呼救。一直到1909年8月，在海上行进的美国轮船"阿拉普豪伊"号忽然尾轴破裂，无法航行，不得不向临近海岸和过往船只发出SOS求救信号。这是世界上的遇难船舶第一次使用SOS。

亚历山大灯塔

根据记载，亚历山大灯塔是用花岗石和铜等材料建成，面积约930平方米。设计师采用反光的原理，用镜子把灯光反射到更远的海面上。

繁忙的航空港
空中交通管制

航空器：指能够在大气层中飞行的飞行器，如气球、飞艇、飞机、直升
机等。航空器的应用范围比较广泛，可用于军事、民用、科研等领域。

交通运输篇

■ 繁忙的航空港

机场安检设备

机场安全检查在国际上始于1970年，初期均为人工检查。美国和日本分别于1973年和1974年开始使用仪器检查，同时辅之以人工检查。

航空港指位于航线上的、保证航空运输和专业飞行作业用的飞机机场及其有关建筑物、构筑物和其他设施的总称。按功能分，航空港一般由飞行区、客货运输服务区和机务维修区三个部分组成。飞行区内有跑道、滑行道、停机坪和无线电通信导航系统、目视助航设施及其他保障飞行安全的设施；客货运输服务区包括候机楼、客机坪、停车场、进出港道路系统、货运站等；机务维修区是飞机维护修理和航空港正常工作所必需的各种机务设施的区域。

20世纪70年代，航空港已发展成为拥有先进的科学技术设施的综合体，许多设施都由电子计算机自动控制，繁忙却井然有序。

目前，世界上接待旅客最多的现代化航空港是美国芝加哥的奥黑尔航空港。1993年，该航空港的旅客量就已超过6000万人次。而世界上最现代化的航空港当属美国新丹佛国际机场，它是世界上第一座全部用计算机设计建造和管理的机场，自动化程度相当高。

繁忙的候机大厅

候机楼是航空港内为旅客提供地面服务的主要建筑物，内设旅客服务设施、生活保证设施和行政办公用房等。

■ 空中交通管制

空中交通管制是指对空中飞行和在机场地面活动的航空器进行管理和控制，包括空中交通管制业务、飞行情报和告警业务。换言之，正如车辆在陆面行驶要遵守交通规则，接受警察和红绿灯的指挥一样，飞机在天上飞行也要遵守交通规则，同样受到专门机构的指挥与调度。这就是空中交通管制。空中交通管制的任务在于：防止航空器彼此相撞，防止航空

机场的控制塔台

塔台是设置于机场中的航空运输管制设施，用来监看和控制飞机的起降。塔台高度必须超越机场内其他建筑，以便让航空管制员能看清楚机场四周的动态。

器与机场及其附近地区的障碍物相撞，促使空中交通畅通而有秩序，从而保证飞行安全和提高飞行效率。

空中交通管制一般由国家专门部门负责。除保障空中交通安全以外，空中交通管制部门还担负着协调各部门对空域的使用、为国土防空系统提供空中目标识别情报、预报外来航空器入侵和本国飞机擅自飞入禁区或非法飞越国界等多项任务。因而，根据管制的区域，空中交通管制可分为：适用于整个国土的一般交通管制和适用于边境地区的特别空中交通管制等。

【百科链接】

自动化：

在无人直接参与的情况下，机器设备通过自动检测、信息处理等，自动地实现预期操作或完成某种过程。

导航卫星

导航卫星属于卫星导航系统的空间部分，它装有专用的无线电导航设备。

随着航空运输的发展和科学技术的进步，管制方法由程序管制发展到雷达管制，并逐步向全自动化推进。

■ 卫星导航

卫星导航是由地面物体通过无线电信号沟通自己与卫星之间的距离，再用距离变化率计算出自己在地球或空间的位置，进而确定自己的航向的一种导航方法。这种导航方法可以为全球船舶、飞机等指明方向，范围遍及世界各个角落；可全天候导航，在任何恶劣的气象条件下均可指明航向；导航精度高，误差只有几十米；操作自动化程度高，不必使用任何地图即可直接读出经纬度；导航设备小，很适宜在舰船上安装使用。

现在，已有不少国家建立了卫星导航系统。美国全球定位系统（GPS）和苏联全球导航卫星系统（GLONASs）是以卫星星座作为空间部分的全球全天候导航定位系统。GPS采用21颗工作星和3颗备份星组成GPS空间星座；GLONASs采用24颗工作星和3颗备份星组成GLONASs空间星座。

目前，我国也有了自己的导航系统——"北斗"卫星

导航系统，是区域性有源三维卫星定位与通信系统，是继GPS、GLONASs之后的世界上第三个成熟的卫星导航系统。

■ 全球定位系统（GPS）

GPS是全球定位系统（Globle Positioning System）的英文缩写，它是由美国政府历经20多年，耗资120亿美元实施的一项庞大的宇宙及航天工程。GPS系统由美国发射的24颗导航卫星构成的空间部分和分布在世界各地的地面监控部分组成。卫星的分布使得人们在地球上的任何位置都可同时观测到4颗以上的卫星。

通常，GPS系统的每颗卫星都会全天候不间断地向地面发出表示时间和位置的信号，GPS用户通过卫星定位系统接收器的天线可随时接收4颗以上卫星传送的信号。当系统用户需要确定自己的位置时，就可通过地面接收器接收这些卫星提供的经度、纬度和海拔高度三个数据。通过这三个数据，卫星定位系统接收器就可显示出用户的具体位置。当然，用户也就可以准确地知道自己所处的位置、时间和行进速度。

现在，人们越来越意识到GPS作用的重大，并将其应用于各个领域。

【百科链接】

导航：

利用航行标志、雷达、无线电装置等引导飞机或轮船等航行。

GPS地面接收器

GPS卫星发送的导航定位信号可供无数用户共享，只要用户拥有能够接收、跟踪、变换和测量GPS信号的接收设备，就可以在任何时候借助GPS信号进行导航定位测量。

Part 6
军事兵器篇

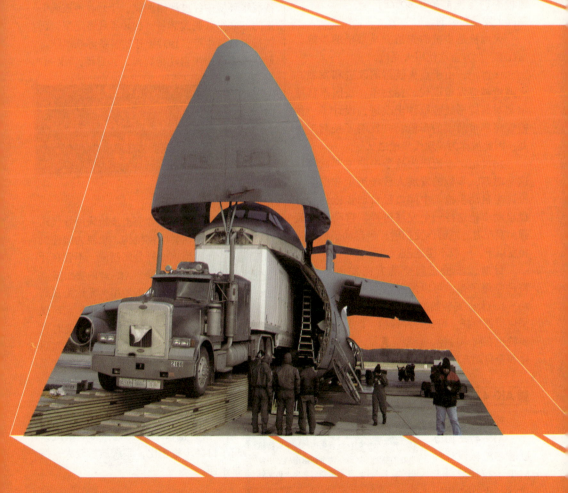

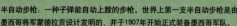

枪 ❦

步枪

枪中元老

步枪是枪中的元老，其他种类的枪械都是在步枪的基础上发展起来的。

火绳枪是步枪的先祖，是最早的步枪。1411年，西方首次使用火绳枪。

16世纪，由于点火装置的改进和发展，火绳枪被燧发枪取代。1825年，法国军官德尔文对螺旋形线膛枪作出改进，设计了一种枪管尾部带药室的步枪，并发明了长圆形弹丸，因此被称为"现代步枪之父"。

20世纪，步枪成为战争中的主要武器。这一时期，步枪的发展大致经历了非自动步枪、半自动步枪、中间口径自动步枪到小口径自动步枪这样一个发展过程。自动步枪装弹30发左右，能够连发扫射；半自动步枪装弹10发以下，一般不能连击。

目前，步枪正向全能方向发展：利用特种空爆子弹，可以发射枪榴弹，射程可达70～100米；安装瞄准镜，可作为狙击步枪；采用折叠枪托，可代替冲锋枪。此外，步枪也在向小口径、轻型化和全自动方向发展。

> **步枪**
> 步枪是步兵单人使用的基本武器，主要作用是以火力、枪刺和枪托杀伤有生目标。因此，在近战中，步枪往往在解决战斗的最后阶段起到重要的作用。

型的一种突击步枪。

1946年，卡拉什尼科夫经过一系列试验与改进，最后设计成AK-47突击步枪。而后，AK-47突击步枪在风沙泥水环境中经过严格测试，于1947年被选中定为苏联军队制式装备；1949年最终定型，正式投入批量生产；1951年开始装备苏联军队，取代西蒙洛夫半自动卡宾枪。1953年，AK-47突击步枪改变了机匣的生产方法，由冲压工艺变为机加工工艺，开始大量装备苏联军队。

> **【百科链接】**
> **冲压：**
> 借助冲压设备的动力，使板料在模具里受到变形力而进行变形的生产技术。

就整体而言，AK-47突击步枪采用导气式自动原理及枪机回转闭锁机构。机匣为锻件机加工而成，弹匣用钢或轻金属制成，不管在什么气候条件下都可以互换。AK-47的突出特点是：能在各种恶劣的条件下使用，无论是在高温还是低温条件下，射击性能都很好；武器操作简便，分解容易；连发时火力猛；坚实耐用，故障率低。但是，它也有一定的缺点，比如：连发射击时枪口上跳严重，影响精度；与小口径步枪相比，系统质量较大，携带不便。

■ AK-47

神威兵器

AK-47是由苏联著名枪械设计师M.T.卡拉什尼科夫设计，于1947年定

> **AK-47狙击步枪**
> AK-47狙击步枪可以在沙漠、热带雨林、严寒地区等极度恶劣的环境下保持相当好的性能。据说，美军在越南战争中曾把它放入水中，几个星期后拿出来仍能射击。

■ 手枪

小巧的武器

1899年，勃朗宁设计了一支口径为7.65毫米、自由枪机式的手枪，并获得专利。这是世界上第一支自由枪机式自动手枪。1900年，比利时的FN国营兵工厂获得生产特许权并开始制造这种手枪。该手枪被比利时军队列为制式手枪。

由于这种手枪采用了消声装置，在射击时发出的声音非常小，故俗称无声手枪。无声手枪之所以无声，奥秘在枪管上，这种手枪的枪管外面装有一个附加的消声套筒。各种无声手枪的消声套筒结构并不相同，但消声作用是一样的。

最常见的消声装置是装在消声套筒前半部的卷紧的消声丝网。当子弹射出后，枪口喷出的高压气体不直接在空气中膨胀，而是进入消声丝网，大部分能量被消声丝网吸收消耗，所剩气体喷出套筒时，压力和速度都很低，发出的声音就很微弱了。

消声套筒除了前端安装有消声装置外，套在枪管上的后半部还开有一些微型排气孔，可导出枪膛内的一部分气体，以减小枪口处的气体压力。再加上无声手枪使用速燃火药，燃烧速度快、过程短，因此，人在射击时基本上听不到声音。

■ 机枪

火力凶猛

机枪通常分为轻机枪、重机枪、通用机枪和大口径机枪。

轻机枪装有两脚架，质量较轻，携行方便。战斗射速一般为80～150发/分，有效射程为500～800米。

机枪

机枪以杀伤有生目标为主，也可以射击地面、水面或空中的薄壁装甲目标，或压制敌方火力点。

重机枪装有稳固的枪架，射击精度较好，能长时间连续射击。战斗射速为200～300发/分，有效射程平射为800～1000米，高射为500米。

通用机枪亦称两用机枪，以两脚架支撑可当轻机枪用，装在枪架上则可当重机枪用。

大口径机枪，口径一般在12毫米以上，可高射2000

【百科链接】

射程：

弹头等射出后所能达到的距离。

米内的空中目标、地面薄壁装甲目标和火力点。

在大口径机枪中有一种主要用于射击空中目标的高射机枪，是有效的防空武器。它的有效射程在2000米以内，射击速度为70～150发/分。高射机枪由枪身、枪架、瞄准装置组成，主要用于歼灭距离在2000米以内的低空目标，还可以用于摧毁、压制地（水）面的敌火力点、轻型装甲目标、舰船，封锁交通要道等。

左轮手枪

由于左轮手枪射速低、装弹慢、容弹量少，所以在第二次世界大战后逐渐被自动手枪所取代。但由于左轮手枪对瞎火弹的处理十分简便，且性能可靠，许多国家的警察对它仍情有独钟。

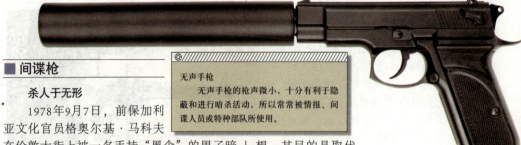

■ 间谍枪

杀人于无形

1978年9月7日，前保加利亚文化官员格奥尔基·马科夫在伦敦大街上被一名手持"黑伞"的男子暗杀。法医解剖尸体后发现，他右小腿的肌肉中有一颗直径为1.7毫米的小圆珠，正是珠内的剧毒蓖麻毒素夺去了马科夫的性命。调查发现，男子的"黑伞"是一种杀人毒伞枪，是间谍枪的一种。

间谍枪常作为近距离内秘密使用的暗杀工具，也有一些用于防身自卫。间谍枪包括手杖枪、烟盒枪、公文箱枪、钢笔枪、铅笔枪、腰带扣枪、烟斗枪等，五花八门，无奇不有。这种枪制作得十分精密且易于携带，还常常被巧妙地伪装成一般的日用品，因而也叫隐身枪。

间谍枪大多采用小口径，有的还装有消声器而成为微声（无声）间谍枪，这样一来就更为隐蔽，令人防不胜防。

> **无声手枪**
>
> 无声手枪的枪声微小，十分有利于隐蔽和进行暗杀活动，所以常常被情报、间谍人员或特种部队所使用。

■ 单兵自卫武器

单兵自卫武器实际上就是结构特点和作战效果接近冲锋枪，但威力又比冲锋枪大的一种新概念武器。这种武器最初是在1986年美国战备协会举办的年会上提出的，其后美国本宁堡步兵学校在《美国轻武器总规划》中正式提出开发设想，其目的是取代手枪、冲锋枪和短突击步枪。

> **单兵自卫武器**
>
> 单兵自卫武器的功能介于手枪和冲锋枪之间，设计目标是减轻枪械质量，以便单兵携带和操作，在一定距离内能有效对付敌人的防弹衣或头盔。

单兵自卫武器的使用者是部队中越来越多的非一线作战人员，如驾驶员、无线电员、飞行员、操作人员、后勤人员等。这些人员虽然不是一线步兵，却占军队总人数的一半以上，他们很少有时间和精力操练枪支与提高个人的射击技术，而他们所装备的自卫武器——手枪和冲锋枪又大多只发射9毫米枪弹，不能有效地对付穿着防弹衣的敌人。因此，有些国家特地研制了单兵自卫武器，其设计目标就是为了减轻枪械质量，以便单兵携带和操作，在一定距离内有效对付敌人的防弹衣或头盔。

> 【百科链接】
>
> 口径：
> 器物圆口的直径，泛指要求的规格、性能等。

1990年，比利时FN公司推出了一种被称为P90的单兵自卫武器。它的结构相当简单，由枪管、机匣、枪机和弹匣四个部件组成，零件总共才69个，塑料件为27个。在野外时不用任何工具，在15秒钟内就可以将其全部分解，因而它很容易维修和保养。P90造型前卫、握持舒适，左右手均可使用，轻便、结实、射击精度高、火力猛，是理想的单兵作战武器，受到了特种部队和各国警方的青睐。

炮

■ 迫击炮

灵活机动

世界上第一门真正的迫击炮诞生于1904年的日俄战争期间。当时，俄国炮兵大尉尼古拉耶维奇因战场应急需要，将一种老式的47毫米口径的海军臼炮改装在带有轮子的炮架上，以大仰角发射一种长尾形炮弹，结果取得了很好的战绩。这种火炮被称为雷击炮。

与其他常规火炮相比，迫击炮有许多优势：适合对近距离目标进行直接射击；射速高（20~30发/分），火力猛，杀伤效果好；质量轻，体积小，机动灵活；结构简单，操作方便，易于大规模生产等。因而，自问世以来，迫击炮便成为支援和伴随步兵作战的一种有效的压制兵器，是步兵极为重要的常规兵器。

■ 加农炮

长圆筒的野战炮

加农炮是一种身管较长、弹道平直的野战炮。加农是空心圆筒的意思。早在14世纪，加农炮就出现并应用于战争中。早期的

加农炮

加农炮的炮管长度一般为40～70倍口径，所以射程比其他类型的火炮都远，特别适合远距离攻击敌方纵深目标，也可作为岸炮轰击海上目标。

【百科链接】

野战：

在要塞和城市之外进行的战斗。

加农炮是利用火药来发射石块或铁球的。

18世纪时，欧洲加农炮的炮管长度一般为口径的22～26倍。20世纪60年代后，加农炮的炮管长度为40～70倍口径，所以加农炮的射程较其他类型的火炮都远，初速可达950米/秒，最大射程达35千米。因而，加农炮特别适合于远距离攻击敌方纵深目标、装甲目标和垂直目标，也可作为岸炮对海上的目标进行轰击。

■ 榴弹炮

使用最多的炮种

榴弹炮是一种炮管较短，弹道比较弯曲，适合于打击隐蔽目标和地面目标的野战炮。

榴弹炮弹丸的落角很大，因而弹片可均匀地射向四面八方，大面积地杀伤敌人。榴弹炮可以配用燃烧弹、榴弹、特种弹、杀伤子母弹、碎甲弹、制导弹、增程弹、照明弹、发烟弹、宣传弹等多种弹药，采用变装药、变弹道的方式，在较大纵深内实施火力机动。在历史上和现代的地面炮兵中，榴弹炮一直是使用量最大的炮种。

迫击炮

迫击炮最大的本领是杀伤近距离或躲在山丘等障碍物后面的敌人，也可用来摧毁轻型工事或桥梁等，或用于施放烟幕弹和照明弹。

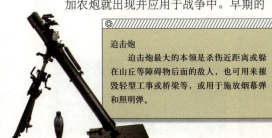

榴弹炮

榴弹炮属于地面炮兵的主要炮种之一，适于射击水平目标，主要用于歼灭、压制敌人有生力量和技术兵器，破坏工程设施、桥梁、交通枢纽等。

榴弹炮按机动方式可分为牵引式和自行式两种。牵引式榴弹炮有芬兰155K–98牵引榴弹炮、中国D–30–2新型牵引榴弹炮等；自行式榴弹炮有美国M109A2式155毫米自行榴弹炮、法国F1式155毫米榴弹炮等。

目前，又出现了一种加农榴弹炮，它兼有加农炮和榴弹炮的弹道特性，综合了两者所长，受到部队的欢迎。

■ 火箭炮

迅猛突击

火箭炮是一种构造独特的大威力炮兵武器，能多发连射和发射弹径较大的火箭弹。它的发射速度快、火力猛、突袭性好，但射弹散布大，因而多用于对目标实施大面积打击，给敌人以极大的震撼和毁灭性打击。

世界上第一门现代火箭炮是1933年苏联研制成功的BM13型火箭炮，它又被称为卡秋莎。随着新军事变革的不断深入，战场对陆军武器装备现代化的要求越来越迫切。在现代超视距战场环境下，要求多管火箭炮不但具备远程压制能力，还必须具备精确打击能力以及独立作战能力，能够同时发射多种火箭弹及战术导弹等。

目前，世界上射程最远、威力最大、精度最高、性能最先进的火箭炮系统之一当属俄罗斯旋风火箭炮。这种火箭炮能在38秒内抛射864枚炸弹，并可装载配备有双光谱红外探测器的新型智能炮弹，能够根据目标的红外特征自动捕捉目标，并从其最薄弱处实施攻击。

火箭炮
当今的火箭炮基本采用多联装自行式，口径大多在200毫米以上，配用多种战斗部，并已开始配用以计算机为主体的火控系统。

■ 高射炮

天空卫士

1870年普法战争中，法国政府为突破普鲁士军队对巴黎的围困，派内政部长乘坐气球越过普军防线，赶往巴黎西南200千米的都尔城求

高射炮
实战表明，防空导弹并不能完全代替高射炮。目前，高射炮正向着小口径化、自行化、炮弹制导化的方向发展。

援，并不断使用气球与巴黎城军互通消息。为切断法军联系，普军迅速集中力量，专制了一门口径为37毫米的火炮，装在四轮车上，借助人力改变火炮的位置和射向，用来打击法军的通信气球。这种火炮就是高射炮的雏形。

1906年，德国爱哈尔特军火公司根据飞机和飞艇的特点，改进了原来的气球炮装置，制成专门用来射击飞机和飞艇的火炮。这标志着世界上第一门现代高射炮正式问世。这门高射炮装在汽车上，有与现代舰炮相似的防护装甲，口径为50毫米，炮管长约1.5米，发射榴弹的初速可达572米/秒，最大射高为4200米。

之后，人们不断研制高性能的高射炮，并用作战时装备。例如，第一次世界大战时，高射炮开始装备简易的瞄准装置和射击指挥仪。至第二次世界大战时，高射炮显示出惊人的威力，在防空战中发挥了重要作用。

目前，高射炮正朝着小口径化、自行化、炮弹制导化的方向发展。

【百科链接】

防空：
为防备敌人空袭而采取的各种措施。

◆ ◇ ◆ ◇
自行火炮：行动自由
激光炮：摧毁导弹

反坦克炮：主要用于打击坦克和其他装甲目标的火炮。反坦克炮炮身长，初速大，直射距离远，发射速度快，穿甲效力强。

＞＞＞＞＞＞＞＞＞＞
军事兵器篇

■ 自行火炮

行动自由

自行火炮是炮身与车辆底盘构成一体，自身能够运动的火炮。这种火炮越野性能好，进出阵地快，多数有装甲防护，战场生存力强，有些还可浮渡，因此是现代化炮兵的重要装备。

1914年，俄国制造出了世界上第一门安装在卡车底盘上的76毫米自行高射炮。不过，第一门真正的自行火炮则是由法国人于1917年发明的。第一次世界大战后，法国人为使笨重的牵引式火炮具有更好的机动性，便将一门野战炮安装在了一辆履带坦克底盘上，使其具有机动越野性能。但这种自行火炮没有装甲防护，只适用于对步兵进行火力支援。

此后，自行火炮参与了第二次世界大战，并得以迅速发展。仅苏联就发展了5种口径、9个型号的自行反坦克炮。由于自行反坦克炮多用于伴随坦克进攻和作战，所以又称强击炮。

由于强调机动力、火力、防护力的有机协调，自行火炮的发展备受重视，大有取代牵引式火炮的趋势。目前，几乎所有牵引式火炮都研制出了自行火炮的派生型。

■ 激光炮

摧毁导弹

激光主要利用很强的烧蚀、辐射和强激波起破坏作用，使目标上的仪器失

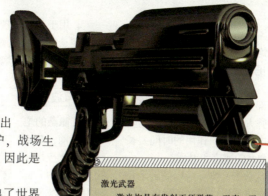

激光武器

激光炮具有发射无须弹药、无声、无后坐力等特点，只要光能充足即可灵活、快速、高效地回击不同方向的攻击，所以世界各国都十分重视激光炮的发展。

灵和操作装置失效，从而击毁目标。激光炮能在几千米外将坦克的装甲击穿，也能破坏敌方的雷达和通信电子设备，还能在森林、城市大面积放火。由于激光炮发射的是一束方向性极强、速度极快（30万千米/秒）、能量密度极高的粒子流，因此用它来对付速度较快的卫星、导弹、飞机、坦克等运动目标，命中率极高。激光炮射击运动目标不用像传统的火炮那样计算提前量，因为它的射弹飞行时间几乎等于零，所以，任何运动目标对于激光炮来说都成了固定目标。激光炮射击时就犹如手电筒照射物体那样，光到物毁，瞬间完成。

虽然激光炮具有速度快、精度高、无声响等优点，但是，由于激光在大气中传播时会有一定的损失，这会使光束变粗并发生抖动。因此，激光炮的威力会随射程的增大而降低。

【百科链接】

装甲：
装在车辆、船只、飞机、碉堡等上面的防弹钢板。

目前，世界上许多国家都在积极发展激光炮。经过多年的研究，激光炮已经日趋成熟，并将在今后的战场上发挥越来越重要的作用。

自行火炮

现代自行火炮具有机动性和防护性好、可自动装弹、射速快等特点，所以在许多发达国家军队里，它有逐渐取代牵引式火炮的趋势。

■ 电磁炮

以电磁推动的炮

电磁炮是利用电磁发射技术制成的一种先进的动能杀伤武器，主要由电源、高速开关、加速装置和炮弹四部分组成。与传统大炮将火药燃气压力作用于弹丸不同，电磁炮利用的是电磁系统中电磁场的作用力，作用的时间要长得多，可大大提高弹丸的速度和射程。

电磁炮集众多优势于一身，所以受到了各国的关注。第一，电磁炮以电磁力所做的功作为发射能量，不会产生强大的冲击波和弥漫的烟雾，因而具有良好的隐蔽性；第二，电磁炮设有圆形炮管，弹丸体积小，质量轻，因而发射稳定性好，初速度高，射程远；第三，由于电磁炮的发射过程全部由计算机控制，弹头又装有激光制导或其他制导装置，所以具有很高的射击精度；第四，电磁炮成本低，还可以省去火炮的药筒和发射装置，在运输以及后勤保障等方面更为安全和方便。

电磁炮具有不可替代的优势，一般应用于以下方面：

1. 用于反导系统。由于初速度极高，电磁炮可用于摧毁空间内的低轨道卫星和导弹，还可以拦截由舰只和装甲车发射的导弹。

2. 用于防空系统。电磁炮可以代替高射武器和防空导弹执行防空任务，不仅能打击临空的各种飞机，还能在远距离拦截空对舰导弹。

3. 用于反装甲武器。电磁炮具有很强的穿透能力，是非常优良的反装甲武器。

4. 用于改装常规火炮。随着电磁发射技术的发展，在普通火炮的炮口加装电磁加速系统，可大大提高火炮的射程。

■ 超声波炮

能隐蔽的炮

目前，超声波被广泛应用于社会生活中。而利用超声波制作的武器，往往可以杀人于无形。

超声波炮的原理很简单，我们可以用一个实验来说明：在一个容器里，用电火花把甲烷和氧气的混合物点燃，会立刻发生爆炸般的燃烧；在容器内的适当位置设置两面反光镜，使爆炸气体所产生的振动波在两个反光镜之间来回传播，并逐渐增大能量，然后适时把振动波发射出去，就能使目标受到重大损坏。超声波炮正是根据这一原理制造的。

超声波炮发射时可以产生1万兆赫的超声波，这种超声波能在40秒内使50米远处的人立即死亡，使200米远处的人感到头疼，不久即丧失行动能力。由于这种武器的致命因素是声波，而声波却是看不见摸不着的，因此这种武器的隐蔽性非常好，可以在不知不觉中打击敌人。

超声波传感器

超声波传感器是利用超声波的特性研制而成的传感器。它可以固定安装在不同的装置上，"悄无声息"地探测人们所需要的信号。

电磁炮

电磁炮是利用电磁发射技术制成的一种新型战斗武器，可以安装在坦克、飞机上，或像普通火炮一样放在地面上，也可以安装在卫星或渡船上。

弹药

■ 携带方便的手榴弹

手榴弹是一种用手投掷的弹药，因早期的榴弹外形和碎片有些形似石榴和石榴子儿，故得此名。尽管现代手榴弹的外形有的是柱形，有的还带有手柄，其内部也很少装有石榴子儿样的弹丸，但仍沿用了手榴弹的名称。手榴弹是步兵使用的近距离作战武器，主要用于杀伤有生力量、摧毁装甲目标，也可用于燃烧、照明、发射信号等。手榴弹一般由弹体、引信两部分组成，具有结构简单、造价低廉、携带方便等特点。按用途分，手榴弹可分为杀伤手榴弹、反坦克手榴弹、燃烧手榴弹、发烟手榴弹、照明手榴弹、防暴手榴弹以及演习手榴弹和训练手榴弹。

■ 杀伤力惊人的枪榴弹

枪榴弹是一种用途广泛的轻型作战武器。它是用枪和枪弹（或空包弹）发射的一种超口径弹药，发射装置则是临时装在枪口或将枪口做成适于发射枪榴弹的装置。

枪榴弹主要由弹体、弹尾、引信等组成。枪榴弹的种类多，用途广，构造简单，成本低，体积小，质量轻，携带与使用都比较方便。枪榴弹的杀伤力比

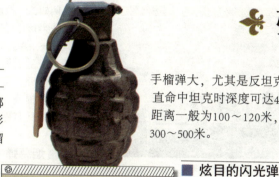

手榴弹
手榴弹主要是靠弹壳与引信组件破片的高速散射来杀伤敌方人员的，也可用于摧毁装备。

手榴弹大，尤其是反坦克枪榴弹，垂直命中坦克时深度可达40毫米，直射距离一般为100～120米，最大射程为300～500米。

■ 炫目的闪光弹

闪光弹，又称致盲弹、炫目弹、眩晕弹，属于辅助性武器之一。它的主要功能就是以强光对敌方人员和光学探测侦察器造成永久或暂时的伤害，从而令敌方暂时丧失或减弱战斗判断力。

闪光弹主要有两种类型：一种是散射辐射体，即在爆炸时把较重的惰性气体如氖、氩、氙等变成高温的等离子体，使它闪闪发光；另一种闪光弹是定向辐射体，能朝一个方向释放大部分的激发能量，其主要原理与散射辐射体相似。

【百科链接】
引信：
引起炮弹、炸弹、地雷等爆炸的一种装置，也叫信管。

不过，目前只有美国将闪光弹正式用于实战。美国陆军已为MK19或40毫米的自动榴弹发射器配备了反坦克闪光弹。这种闪光弹能损坏光学器材的膜层，使探测器、光学瞄准镜、激光和雷达测距机、自动武器的目标控制和电磁装置等失去探测能力。

榴弹枪
小型榴弹发射器为采用枪炮发射原理制造的短身管武器，因其外形和结构酷似步枪或机枪，通常被称为榴弹枪或榴弹机枪。

第一次世界大战中英军在烟幕弹掩护下进攻
烟幕弹的原理是通过化学反应，在空气中造成大范围的化学烟雾。

■ 穿甲弹

强拱硬钻

穿甲弹以强拱硬钻的硬碰硬著称，它的弹体由合金钢或钨、铀合金制成，弹体前端皆为实心，还有防裂槽，不会在撞击目标的瞬间破碎或折断，非常结实。发射时，穿甲弹的速度很高，贯穿能量大，能洞穿较厚的装甲和流线型外形，同时还配有延期引信，可以在钻进目标内部后再爆炸。而且，穿甲弹的射击精度很高，加之流线型的弹体在空中飞行时阻力较小，所以可以在瞬间击中坦克或飞机等活动目标。值得注意的是，穿甲弹也可用于破坏坚固的工事。

穿甲弹最早出现于19世纪60年代，当时主要用来对付覆有装甲的工事和舰艇。第一次世界大战后，穿甲弹得到迅速发展，性能有很大提升。

例如，一枚100毫米口径的穿甲弹，初速每秒900米，在1000米的射击距离上，可击穿110～160毫米厚的坦克装甲。

随着科学技术的发展和对穿甲理论的研究，穿甲弹的初速和材料性能会进一步提高，长径比将高达30以上，使穿甲弹具有更大的穿透力和后效作用。

■ 烟幕弹

金蝉脱壳

战争中，现代武器的大量使用，使技术水平相当的进攻和防守双方都承受着较大的伤亡。而有效降低敌方精确武器作战效能的办法之一就是使用烟幕弹，干扰敌人的观测和跟踪，减低敌人攻击效率，使己方金蝉脱壳。烟幕弹使用的是与空中爆炸相结合的烟火技术，可在3秒钟内形成一道5米高的烟幕，造成目视和红外屏蔽，并可持续80秒钟有效对付敌方热成像仪和激光测距仪。

在战场上，彩色烟幕弹用途十分广泛，包括定位空降区域、辨识友军、暴露敌方目标以及通信联络等。

一般来说，烟幕弹的主要制作原料是白磷和硫化物，它们燃烧时能形成烟障。吸入这种烟雾会使人产生灼烧感，而且颜料的残渣可能对环境造成危害。为减轻对人员和环境的危害，人们正在研制一种五彩缤纷的食糖做产热成分，以改进烟幕弹。点燃由该食糖制成的烟幕弹时，颜料会受热汽化，逸出弹体后，就会

【百科链接】

屏蔽：　无线电技术中，常用金属网等导体与地线相联，把电子设备等包围封闭起来，以避免外来电磁波干扰等。

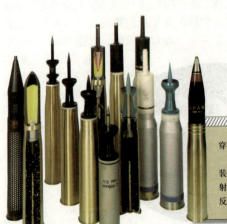

穿甲弹
穿甲弹主要依靠弹丸的动能穿透装甲摧毁目标。其特点为初速高、直射距离大，射击精度高，是坦克炮和反坦克炮的主要弹种。

▶ 催泪弹：催人泪下的炸弹
⦿ 燃烧弹：空中火雨

第二次世界大战：1939年爆发，1945年结束，先后有60多个国家和地区参战，波及人口20多亿。第二次世界大战是人类迄今为止规模最大、危害最严重、持续时间最长、参战国最多、波及范围最广的一场战争。

军事兵器篇

遇冷凝聚成彩色烟幕。目前，以食糖为产热成分的绿色和黄色烟幕弹已经投入使用。

■ 催泪弹

催人泪下的炸弹

催泪弹一般由刺激剂和溶剂等化学物质组成。目前，国内外手持式喷射自卫器所用刺激剂主要有苯氯乙酮（CN）、邻氯苯亚甲基丙二腈（CS）、辣椒素（OC）、胡椒素等几类，也有采用其他液体型刺激剂的。

刺激剂被释放后，会迅速在空中蔓延，在一定范围内形成低浓度的气团。没有戴防护装置的人接触到这种空气后，眼睛、鼻子、喉咙、皮肤等处都会感受到强烈的刺激，眼睛不断流泪难以睁开，同时伴有喷嚏、咳嗽、呼吸道灼痛、恶心、呕吐等异常症状，从而在瞬间丧失反抗能力。

催泪弹可采用喷射或手榴弹形式发射。例如，RS97燃烧型催泪弹既可手投，也可用步枪发射。值得注意的是，在1米深的水中，RS97催泪弹也能正常使用。它还适合在雨雪天气以及地面积水过深的情况下使用。

【百科链接】

气团：
在水平方向上温度、湿度等比较均匀的空气团。在冷暖气团相接触的地带，常有显著的天气变化。

催泪弹为世界各国警察所配备，广泛用于对付严重扰乱社会治安的骚乱分子和负隅顽抗的持械分子。催泪弹也可作为战场上的武器，在第二次世界大战时曾被使用。

■ 燃烧弹

空中火雨

燃烧弹又称纵火弹，它是装有燃烧剂的航空炸弹、炮弹、火箭弹、枪榴弹和手榴弹等一类武器的总称。燃烧弹一旦被点燃，将形成空中火雨，烧伤或烧毁攻击目标的有生力量和设备等。

燃烧弹中最有名的当属莫洛托夫鸡尾酒燃烧弹。第二次世界大战期间，苏联入侵芬兰，苏联轰炸机曾用燃烧弹轰炸芬兰，引起国际社会的谴责。苏联当时的外交部长辩称，苏军扔掷的不是炸弹，而是面包。芬兰军民便将苏联的这种燃烧弹称为莫洛托夫面包篮。愤怒的芬兰人也用他们自产的燃烧弹（燃烧瓶）"招待"苏联坦克，并称这种燃烧弹为莫洛托夫鸡尾酒。这就是"莫洛托夫鸡尾酒"的由来。

根据点燃方式的不同，燃烧弹大体可分为两类：点燃类和触发类。点燃类燃烧弹较为常见，例如莫洛托夫鸡尾酒燃烧弹就属于此类。

目前，燃烧弹弹种日趋增多，燃烧剂所产生的热量和燃烧时间等性能都在不断提高，战斗的威力越来越大。

美军在越南战争中投掷燃烧弹

越南战争期间，美军曾在越南投下大量燃烧弹，许多无辜的平民在美军的攻击下丧生。

唐顺之：明朝人，曾任兵部主事，率兵船抗击东南沿海一带的倭寇。唐顺之学识渊博，对天文、地理、数学、历法、兵法及乐律皆有研究，著《武编》10卷。

▶ 水雷：水中伏击
▶ 鱼雷：火龙出水

■ 水雷

水中伏击

水雷是一种隐藏在水中的最古老的兵器，是一支威力强大的水下伏兵，往往能出其不意地突然爆炸，给舰船航行造成严重威胁。一般来说，一枚大型水雷即可炸沉一艘中型军舰或重创一艘大型战舰，而且它还能对敌构成较长时间（有的甚至长达几十年）的威胁。水雷的适用范围较为广泛，除飞机、水面舰艇、潜艇外，商船、渔轮等也可用来布设水雷。

水雷的故乡在我国。1558年，明朝人唐顺之编纂的《武编》一书，详细记载了一种水底雷的构造和布设方法，这是世界上最早使用的水雷。

水雷在西方出现于18世纪。北美独立战争中，美军将火药和机械引信装在小啤酒桶里制成水雷，顺流漂下，造成不少英军水兵伤亡。

此后，各类水雷不断地被研制和改进，并广泛使用于战斗中。

目前，各国海军研发水雷时，都把注意力集中在提高水雷的机动性和主动攻击能力上，大力开发自航水雷、深水反潜水雷、无线电遥控水雷和集装式水雷，注重提高水雷的电子化、微机化以及爆炸威力等方面的能力。

■ 鱼雷

火龙出水

鱼雷是一种在水中航行、自动导向攻击目标的水下兵器，由鱼雷、发射装置、探测仪和射击指挥仪等组成，一般装备在鱼雷快艇、驱逐舰、潜艇或飞机中。鱼雷可以自我控制航行方向和深度，一接触舰船就会爆炸；加之鱼雷具有航行速度快、航程远、隐蔽性好、命中率高和破坏性大等特点，因而被称为水中导弹。

鱼雷发射
鱼雷的攻击目标主要是战舰和潜水艇，也可以用于封锁港口和狭窄水道。

1866年，英国工程师罗伯特·怀特黑德成功地研制出第一枚鱼雷。这种鱼雷的航速仅为11千米/小时，射程是180～640米，尚无控制鱼雷航向的装置，因其外形似鱼，故而被称为鱼雷。

此后，鱼雷不断更新换代，并广泛地应用于战争中。第一次世界大战时，鱼雷已被公认为是仅次于火炮的主要舰艇武器。

近年来，尽管反舰导弹的出现使鱼雷的地位有所下降，但鱼雷仍是海军的重要武器。特别是在攻击型潜艇上，鱼雷是最主要的攻击武器。当前，人们对鱼雷的研发主要集中在如何使鱼雷更轻便、命中率更高、爆炸力更强等方面。

水雷
水雷是布设在水中的一种爆炸性武器，可由舰船碰撞或进入其作用范围而起爆，具有隐蔽性好、布设简便、造价低廉等特点。

【百科链接】

潜艇：
主要在水面下进行作战等活动的舰艇，也叫潜水艇。

火焰喷射器

　　火焰喷射器喷出的其实是燃烧的油柱，所以杀伤力较大，命中目标后燃烧时间较长，是一种高效而残忍的武器。

■ 火焰喷射器

地面火龙

　　火焰喷射器出现得很早，远早于火枪和火炮。7世纪时，拜占庭人在与阿拉伯人的海战中，就曾使用过一种名为"希腊火"的液体燃烧剂。这是历史上使用类似火焰喷射器的最早记载。

　　现代意义上的火焰喷射器由德国人理查德·费德勒于1901年制成。这种喷射器由人力携带，液体燃烧剂被点燃后，会形成一束蘑菇状的火球喷向目标，射程为18米，能够持续喷射2分钟。

　　这种火焰喷射器发明不久即用于装备军队，在战场上显示出骇人的威力。例如，在第一次世界大战期间，德军一共进行了超过650次的火焰喷射器进攻，而英法联军的同类攻势几乎为零。

　　不过，火焰喷射器的弊端也非常明显：背负火焰喷射器的士兵很容易被火焰喷射器

【百科链接】

音频：

　　指人说话的声音频率，通常指300～3400赫兹的频带。人耳所能听到的所有声音都称之为音频。

烧死或烧伤，也很容易成为敌人的众矢之的。因而，在第二次世界大战中，一个火焰喷射器小组通常由2～3名士兵组成，其中一名为喷火手，配备自卫手枪；其他为观测手，一般配备冲锋枪，为喷火手提供掩护。

■ 可怕的超声波子弹

　　美国影星汤姆·克鲁斯曾在电影中用最新式的声波手枪向追击者射击，一般观众都认为这种武器只是科幻电影的创作。实际上，这种武器的确存在，它使用的是超声波子弹。

　　超声波子弹射击时，会发出一种狭窄而强烈的声波，声波频率是人类承受极限的50倍。这种子弹看起来就像一个巨大的立体声喇叭，威力十分巨大，可以轻而易举地让被攻击者丧失行动能力。科学家曾做过一个试验，他们从电脑声音库的众多样板中选择了一种高度夸张的婴儿哭声，并把它对准现场观众，当音频逐渐升高到一定程度时，受试者开始被迫逃离，因为他们的耳朵开始听见啸叫。科学家说，如果试验继续，受试者的脑袋将不由自主地开始振动。这充分说明了超强声波对人的影响力。

　　过去，人们在开发声波武器时，最难克服的问题是：它的声波向所有方向发散，因而操作者自己也会受到损害。现在的窄带超声波发射技术则解决了这个问题，它使超声波具有了方向性。这样，操纵者就可以在不伤害围观者和自身的情况下使用超声波子弹了。

超声波的杀伤力

　　超声波在生物体内传播时，可通过组织间的相互作用导致生物体的机能和结构发生变化，是潜在的致癌与致畸因素。

战车

■ 我国古代战车

研究发现，早在夏代初年，夏王启指挥甘之战中就已使用战车，这是史料记载的最早的战车。

中国古代的正式战车，每车载甲士3名，包括一名使用长兵器的武士、一名射手和一名驭手。固定数目的徒兵和每辆战车编在一起，再加上相应的后勤车辆与徒役，便构成了当时军队的一个基本编制单位——乘。千乘之国、万乘之国中的乘就指这个意思，可见战车已成为衡量国家实力的标准。

在战车结构上，我国古代战车一般为独辀（辕）、两轮、方形车舆（车厢），驾4匹马或两匹马。作战时，战车或按照一定的阵型布阵，或一字排开。

到汉代时，战车逐渐被机动灵活的骑兵取代，成为战争的辅助兵器。例如，汉代卫青所用的武刚车和晋将马隆所造的偏厢车，都只不过作为辎重的运载工具和机动防御工事使用。

■ 现代步兵战车——装甲战车

现代步兵战车指供步兵机动和作战用的装甲战斗车辆，主要用于协同坦克作战，也可独立执行任务。步兵战车全重12～28吨，乘员一般为车长、驾驶员和炮手三人，载员为一个班，共6～8人。作战时，步兵既能乘车作战，又能下车战斗，且下车战斗时乘员可用车载的各种武器进行火力支援，从而大大增强了

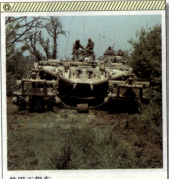

装甲工程车

装甲工程车的基本任务是清除和设置障碍、开辟通路、抢修军路、构筑掩体以及进行战场抢救，是一种战场上不可缺少的支援车辆。

步兵的作战能力。

履带式步兵战车——现代战场的主力军

履带式步兵战车越野性能好，生存力较强，是现在战场装备的主要车型。它的陆上最大时速达65～75千米，水上最大时速6～8千米，陆上最大行程可达600千米，最大爬坡度约31度，越壕宽达1.5～2.5米，过垂直墙高为0.6～1米等。

装甲工程车——军队作战先锋

装甲工程车是伴随坦克和机械化部队作战，并对其进行工兵保障的配套车辆，基本任务是清除和设置障碍、开辟道路、抢修军路、构筑掩体以及进行战场抢救等，是现代战争中不可缺少的支援车辆。装甲工程车多数由坦克或装甲车辆的底盘改装而成，根据用途不同，在车体或上部结构的上面安装有各种不同的作业机构。

装甲扫雷车——地雷的克星

装甲扫雷车特指装有清除地雷装置的装甲车辆。它并非用于清除整个被发现的地雷区，而是将地雷区清理出一至数条安全通道，以协助地面部队人员和车辆安全、迅速地通过地雷区。

古埃及战车

古埃及战车由两匹马拉车，一辆车有两名士兵操纵，一个负责驾驶，一个负责射箭。

【百科链接】

辀： 车前驾牲畜的两根直木。

■ 攻守兼备的坦克

在战场上，可以纵横驰骋，不惧枪弹，长驱直入的兵器非坦克莫属。

坦克的诞生

坦克的研制是从第一次世界大战开始的。当时，为了突破敌方由壕沟、铁丝网、机枪火力点等组成的防御阵地，协约国迫切需要一种集火力、机动力和防护力为一体的新式武器。于是，英国于1915年开始研制坦克，第二年就投入生产，并参与了1916年9月15日的对德作战，这种坦克就是游民I型坦克。坦克的出现，开辟了陆军机械化的新时代。

坦克的组成

现代坦克大多是传统车体与单个旋转炮塔的组合体。按主要部件的安装部位，坦克通常划分为操纵部、战斗部、动力传动部和行动部四个部分。操纵部通常位于坦克前部，内有操纵机构、检测仪表、驾驶椅等；战斗部位于坦克中部，一般包括炮塔、炮塔座圈及其下方的车内空间，内有坦克武器、火控系统、通信设备、三防装置、灭火抑爆装置和乘员座椅，炮塔上装有高射机枪、抛射式烟幕装置等；动力传动部通常位于坦克后部，内有发动机及其辅助系统、传动装置及其控制机构、进排气百叶窗等；行动部位于车体两侧翼板下方，有履带推进装置和悬

坦克履带

坦克履带除了可以让坦克自如行驶外，还可以分散和缓解重型穿甲弹对坦克的破坏力。但是履带一旦脱落就难以安装，现在国外已经研发出了六轮无履带式坦克。

挂装置等。坦克乘员多为4人，分别担负指挥、射击、装弹、驾驶等任务。

坦克的种类

以前，坦克多按战斗全重和火炮口径分为轻、中、重三型。轻型坦克重10～20吨，火炮口径不超过85毫米，主要用于侦察、警戒，也可用于特定条件下的作战；中型坦克重20～40吨，火炮口径最大为105毫米，用于执行装甲兵的主要作战任务；重型坦克重40～60吨，火炮口径最大为122毫米，主要用于支援中型坦克战斗。

世界上的主要作战坦克

目前，世界上新型的主战坦克主要有：苏联T-72、T-80，德国豹Ⅱ，美国M1A2，英国挑战者2型，法国AMX勒克莱尔，日本74式、90式，以色列梅卡瓦3型，韩国88式，巴西奥索里奥，意大利公羊，印度阿琼等。这些坦克首先注重增强火力，同时较均衡地提高了机动和防护性能。

【百科链接】

履带：

围绕在拖拉机、坦克等车轮上的钢质链带，也叫链轨。它能减小车轮对地面的压强，提高牵引能力。

主战坦克

主战坦克是装有大威力火炮、具有高度越野机动性和装甲防护力的坦克，一般全重为40～60吨，主要用于与敌方坦克和其他装甲车辆作战。

■ 丘吉尔坦克

第二次世界大战中的功臣

说起丘吉尔，大家都知道他曾是英国的首相。其实，有一种坦克也叫丘吉尔。

借首相之名

1939年9月，英国军方为取代过时的马蒂尔达Ⅱ型坦克，委托哈兰德和沃尔夫公司设计代号为A20的新型步兵坦克。次年6月，公司制造出4辆A20样车。此时正值英法军队在西欧大陆全面溃败，面对德军以坦克集群为主力的闪电战，英国意识到A20难以胜任对抗德国新型坦克的任务。为此，当年7月，沃尔斯豪尔公司接受了研制A22型步兵坦克的合同，并被要求一年内投入生产。1941年6月，沃尔斯豪尔公司将首批14辆A22坦克交付英军，随即开始大批量生产A22。这种坦克以当时英国首相丘吉尔之名命名，称为丘吉尔坦克。丘吉尔坦克共有18种车型，总产量达到5640辆，是第二次世界大战时英国产量最大的一种坦克。

丘吉尔坦克

丘吉尔坦克采用了小直径负重轮——重40吨的庞大车体每侧各有11个负重轮，这样即使个别负重轮被击毁，坦克也能继续行动。

炮弹穿不透的装甲

丘吉尔坦克的装甲防护能力非常好：Ⅰ至Ⅵ型的最大装甲厚度（炮塔正面）达到102毫米，Ⅶ型和Ⅷ型的最大装甲厚度更增加到152毫米。这个防护水平大大超过了德国的虎式坦克（110毫米）。当时，英国的坦克制造水平并不是很高，包括丘吉尔坦克在内的坦克，都还难以和德国与苏联最新最强的坦克媲美。不过，丘吉尔步兵坦克还是以其优秀的防护能力，在北非战场上完全压倒了德国的Ⅲ号和

丘吉尔

温斯顿·丘吉尔曾于1940至1945年及1951至1955年两度任英国首相，带领英国取得第二次世界大战的胜利，被认为是20世纪最重要的政治领袖之一。

Ⅳ号坦克。但丘吉尔坦克最大的缺陷就是机动性比较差，最高行驶速度只有20～25千米/小时，可以说和步兵行进速度一样慢。

丘吉尔喷火坦克

1943年4月，在丘吉尔Ⅶ型坦克的基础上，英国研制成功了丘吉尔—鳄鱼喷火坦克。它保留了原来坦克的75毫米主炮，在车体前部加装了火焰喷射器，有两轮燃料拖车，战斗全重（不含拖车）为40吨，喷火燃料箱可装1800升燃油，喷火最大射程达到109米，有效射程约73米。它的工作原理其实很简单：喷火燃料在高压氮气的作用下高速向外喷出，在喷火器的喷口处借助电点火发火，迅速向外喷火，以浓密的火焰起到火攻作用。这种坦克每秒钟可喷射6升燃料，火舌可以迅速吞噬射程内的一切。

【百科链接】

机动性：
指军队的推进能力，如速度、山地灵活性、应急灵活度等。

■ 虎式坦克

重型坦克之王

众所周知，希特勒是发动第二次世界大战的主犯，罪恶滔天。出于战争的需要，他在客观上也催生了一些先进武器的诞生。例如，被称为重型坦克之王的虎式坦克就是在他的直接要求下被制造出来的。

姗姗来迟的坦克之王

1941年5月26日，希特勒突然召见波尔舍和亨舍尔两家公司负责人，要求他们提供一款重型坦克的设计图样。希特勒给出的性能指标非常简单，要求该坦克的正面装甲必须达到100毫米厚，装备的主炮必须能够在1500米的距离击穿100毫米的装甲，坦克的质量可以超过45吨。此前，德国高层从来没有研制重型坦克的计划，希特勒的心血来潮大概是吸取了西线英法重型坦克的警示，为即将到来的东线战事未雨绸缪。德国的设计师和军工厂为了这种坦克的研制开发花费了两年多的时间，直到战争快结束时，才生产出500多辆交付德军。这就是第二次世界大战的偶像派明星——虎式坦克，德军正式编号是Pz6型坦克。

超强的实力

虎式坦克的超强实力主要表现在它的主力炮和重装甲上。虎式坦克的主炮是最强大的反坦克炮，它比当时任何一支部队中所使用的都要强大，它能够击穿1400米外厚达112毫米的装甲。虎式I型坦克拥有所有德国坦克中最优质的装甲，这种由镍钢轧制成的金属板，其硬度超过了第二次世界大战期间其他所有坦克上同类装甲的硬度级别，这也就意味着它拥有非常好的防御能力，对虎式坦克起到了极好的保护作用。虎式坦克结合了这种厚重的装甲和强大的火炮，几乎成为所向无敌的坦克。

第二次世界大战战场上的虎式坦克

德国虎式坦克厚重的装甲几乎坚不可摧，装备的火炮威力巨大，在第二次世界大战中击毁了大量盟军的坦克和其他装备。在对手心中，虎式坦克成了不可战胜的神话。

辉煌的实战纪录

第二次世界大战期间，虎式坦克创造了一个个令人印象深刻的纪录，摧毁了极大数量的盟军装备，以至于苏联坦克群经常一发现虎式坦克就全体撤退，以避免损失和伤亡。在北非和意大利，虎式坦克也对盟军造成了巨大的心理影响。

不过，从宏观的角度看，虎式坦克的机动性太差，机械性能不太可靠，生产数量太少，所以并没有对第二次世界大战的最终结果产生太大影响。

【百科链接】

反坦克炮：

用于对坦克、步兵战车和其他各种装甲目标射击的火炮。它的炮身长，初速大，直射距离远，发射速度快，穿甲效力强，大多属加农炮或无坐力炮类型。

虎式坦克模型

虎式坦克刚刚研制出来就被匆忙投入实战。最初的产品漏洞百出，因此它所有的改动都是直接在生产环节中完成的。

刘禹锡：唐代中晚期诗人、哲学家。824年夏，他写了著名的《西塞山怀古》，这首诗得到后世评论家的激赏，被认为是唐诗中的杰作。

战舰

■ 古代维京船

维京人即北欧海盗，是生活于8～11世纪，足迹遍及欧洲至北极广大疆域的海洋民族，是今丹麦人、瑞典人和挪威人的祖先。

在维京文化中，船是最为重要的组成部分。维京船分为战船和货船两类。战船较轻而窄，灵活轻便，速度较快，且耐风浪，船的两侧布满桨洞，当逆风行驶或需要用力划桨的时候，桨手可以轻而易举降下船帆；而货船的船身又高又宽，船体很重，且桅杆固定不动，在波涛汹涌的大海中载重航行时可保持稳定。两类船都有通常所说的弯曲船首，都用一整块完整的橡木精雕细刻而成。它们的船身外面都包裹着一层船板，这层船板间的空隙则由动物毛和植物纤维制成的绳索填塞。

在历史上，维京战船尤为著名。维京战船吃水浅，速度快，转向灵活，十分适合远征异地时突袭式的劫掠。不过，由于维京战船甲板是露天的，无法挡风遮雨，因此在风雨交加的海面上，维京人被冻死或被巨浪卷下海淹死是很常见的事。

■ 我国的楼船

我国的造船业历史悠久，汉代时造船技术就已趋成熟。最能说明当时造船技术高超的当属楼船，它是一种具有多层建筑和攻防设施的大型战船，外观似楼，故名楼船。

汉代楼船高达十余丈，甲板上建楼数层，有瞭望台，并设多层矮墙，如同城堡，大

维京人的战船

维京人的海船一般长70～100英尺（21～30米），制作精良，堪称艺术品，是维京造船师精湛技艺的完美体现。

大加强了防御能力。船上的设备有帆、橹、楫、舵、纤绳等。橹来回在水中甩水，不出水面，可以提高划桨的推进效力；舵由尾桨发展而来，它能绕竖轴转动，提高船的运行速度。

楼船可以说是我国汉代发达造船业和高超航海技术的缩影。据史料记载，汉代都城长安西面的昆明池有一处很大的造船基地，周长达20千米，昆明池中曾泊过近百艘高大的楼船。

历史上，楼船得到了广泛的应用。例如，在西晋灭吴的过程中，楼船作为战舰，使西晋水师势不可当，直取吴都。唐代著名诗人刘禹锡追忆此事时，曾作七律《西塞山怀古》："王濬楼船下益州，金陵王气黯然收。千寻铁锁沉江底，一片降幡出石头。"诗人在抒发怀古伤时之情的同时，极力赞扬了楼船的巨大威力。

【百科链接】

橹：

使船前进的工具，比桨长而大，安装在船尾或船旁，由人摇动。

■ 名扬一时的战列舰

战列舰是19世纪至20世纪中期各国海军主力舰舰种之一。由于主要采用多艘舰船列成单纵队战列线进行炮战，这种战舰名为战列舰，又称战斗舰、战舰。

世界上第一艘蒸汽战列舰是法国在1849年制造的"拿破仑"号，它是海军蒸汽动力战列舰的先驱。此后，战列舰不断更新换代，成为各国海军竞相发展的重点，也成为海军舰队的主力战舰和核心兵力。

战列舰之所以成为此时各国军事发展的重点，是因为它有很多优势。首先，战列舰的吨位很大。例如，日本

【百科链接】

舰队：
担负某一战略海区作战任务的海军主力，通常由水面舰艇、潜艇、海军航空兵、海军陆战队等部队组成。

的"大和"号和"武藏"号，标准排水量6.4万吨，满载排水量7.25万吨，堪称世界之最。其次，战列舰的航速快，火力猛，一般装有8～10门主炮，口径356～460毫米，射程20～25海里。战列舰还是一种重装甲战舰，在水线以上的舰舷、甲板、炮塔、指挥塔等部位都装有装甲防护，一般为150～400毫米厚。

然而，战列舰也存在目标大、易遭攻击、防空反潜能力较差等不足，所以，第二次世界大战后，战列舰的战略地位逐渐被航空母舰和弹道导弹潜艇所取代。

■ 巡洋舰

海上猎豹

在草原上，猎豹是奔跑速度最快和耐力最强的动物。同样，在海面上也有一种能够较长时间和在恶劣环境中作战的"动物"，这就是巡洋舰。

巡洋舰在排水量、火力、装甲防护等方面仅次于战列舰。巡洋舰的排水量一般在0.8万～2万吨，装备有导弹、火炮、鱼雷等武器，有些巡洋舰还可携带直升机。巡洋舰的动力装置多采用蒸汽轮机，少数采用核动力装置。巡洋舰具有多种作战能力，主要用于海上攻防作战，掩护航空母舰编队和其他舰队编队，保卫己方或破坏敌方的海上交通线，攻击敌方舰艇、基地、港口和岸上目标，登陆作战中进行火力支援，担负海上编队指挥舰等。

随着海军航空兵的崛起，巡洋舰的地位曾日渐衰落。但随着导弹、核动力、电子装备的出现，巡洋舰又复苏了，成为以导弹为主要兵器的导弹巡洋舰，担任为航空母舰或其他舰艇护航等任务。

"密苏里"号战列舰
"密苏里"号战列舰是美国海军第三艘"依阿华"级战列舰，于1944年6月开始服役。1945年9月2日，该舰成为日本无条件投降的签字地点，从此名声大震。

■ 驱逐舰

海上多面手

19世纪60年代，以鱼雷为武器的鱼雷艇出现，给敌方大型舰艇造成巨大威胁。为对付鱼雷艇，人们建造了反鱼雷艇——鱼雷炮艇，它是驱逐舰的前身。因此，驱逐舰是伴随着鱼雷艇出现的一个舰种。

现代驱逐舰通常装备有对空、对海、对潜等多种新型的海军武器，甚至有的国家还建造了反潜用直升机驱逐舰。因此，现代驱逐舰具有多种作战能力，可用于攻击潜艇和水面舰船，舰队防空，以及护航、侦察、巡逻、警戒、布雷，袭击岸上目标等，有海上多面手之称，是目前用途最为广泛的舰艇。正如一位军事专家所言：“驱逐舰从过去一个力量单薄的小型舰艇，已经成为一种多用途的中型军舰。除了名称留下一点痕迹之外，驱逐舰已经失去了它原来短小灵活的特点。”

至今为止，全世界大约有30个国家共拥有400艘驱逐舰。世界上第一艘导弹驱逐舰是美国于1953年建造的“米切尔”号驱逐舰；而第一艘核动力驱逐舰则是美国1962年建造的“班布里奇”号。

■ 护卫舰

海上守护神

护卫舰被称为海上守护神，是一个十分古老的舰种。

初期的护卫舰排水量仅为240～400吨，装备舰炮主要是为了对付潜艇。有时，护卫舰甚

美军DDG51驱逐舰
DDG51驱逐舰是美国海军最新型的导弹驱逐舰，也是当今世界上排水量最大、战斗力最强、技术水平最先进的驱逐舰。

至用舰体去冲撞敌方潜艇。两次世界大战的发生促使护卫舰迅速发展。第一次世界大战时，最大护卫舰的排水量已达1000吨，航速达16节，已具有远洋作战的能力。第二次世界大战中，护卫舰满载排水量为800～1300吨，航速12～20节，以深水炸弹和鱼雷、水雷为主要武器，并装备了声呐和雷达、高射炮等，可参加海战和两栖登陆作战。20世纪70年代后，导弹和直升机装备上舰，导弹护卫舰和第一艘隐形护卫舰出现。

现代护卫舰是一种能够在远洋机动作战的中型舰艇，满载排水量一般为2000～4000吨，航速30～35节，续航力4000～7500海里，主要装备有大口径火炮、鱼雷发射器、火箭或深弹发射器、反潜和对空导弹、反潜直升机等。它是世界各国建造数量最多、分布最广、参战机会最多的一种中型水面舰艇。

■ 航空母舰

海上霸王

一艘航空母舰可停放80多架飞机，运载6000多人。因而，海上霸王当属航空母舰无疑。

1917年6月，英国将一艘巡洋舰改装为世界上最早的航空母舰“暴怒”号，它可载飞机20架。

> 【百科链接】
>
> 节：
> 航海速度单位，符号kn。每小时航行1海里的速度是1节。

1918年，英国又将建造中的"卡吉士"号邮船改建为航空母舰，更名为"百眼巨人"。它是第一艘有直通甲板的航空母舰。随后不久，英国又开始建造"赫姆斯"号航空母舰。1919年，日本参照"赫姆斯"的方案设计了了"凤翔"号航空母舰，并于1922年11月首先建成服役，"凤翔"号成为世界上第一艘专门设计建造的航空母舰。

尼米兹级航空母舰

　　尼米兹级航空母舰是目前世界上吨位最大、在役数量最多的一级核动力航空母舰，满载排水量在9.1万吨以上，是有史以来最大的舰船。可以说，它是一座浮动的机场和海上城市。

　　为了保障飞机能安全降落，航空母舰上都设有舰载机拦阻装置。舰载机拦阻装置是航空母舰上吸收落地战机的前冲能量，以缩短其滑行距离的装置，由拦阻索、拦阻网、拦阻机、缓冲器及控制系统等构成。

　　世界上最大的航空母舰，是美国海军的尼米兹级核动力航空母舰，它以吨位最大、技术最先进、人员最多、耗资最巨，在当代海军舰艇家族中睥睨群雄。

■ 潜艇

海底蛟龙

　　潜艇可以对航空母舰形成威胁，因此潜艇被称为"海底蛟龙"。

　　潜艇主要由艇体、操纵系统、动力装置、武器系统、导航系统、探测系统、通信设备、水声对抗设备、救生设备和居住生活设施组成。艇体分为内壳和外壳两部分，内壳是钢制的耐压艇体，外壳是钢制的非耐压艇体；操纵系统用于实现潜艇下潜上浮，水下均衡，保持和变换航向、深度等；动力装置分为常规动力装置和核动力装置；武器系统主要有弹道导弹、巡航导弹、水雷武器及其控制系统和发射装置等；导航系统包括磁罗经、计程仪、测深仪、自动操舵仪和无线电、卫星、惯性导航设备等；探测系统主要有短波、超短波收发信机和长波收信机；通信设备主要有卫星通信和水声通信设备等；水声对抗设备主要有侦察声呐和水声干扰器材等；救生设备有失事浮标和单人救生器等；居住生活设施包括空气再生、放射性污染检测、温湿度调节系统以及饮食起居、医疗等设施。

　　在潜艇中，最厉害的当属核潜艇。

【百科链接】

浮标：

　　设置在水面上的标志，通过锚链固定于水底，用来指示航道的界限、航行的障碍物和危险地区，其形状、颜色、顶标、光色等均按规定标准制作，且有一定含义。

海狼级核潜艇

　　美国海狼级核潜艇于1989年开始制造，1998年开始装备美国海军，是目前世界上最先进、最有战斗力的多用途攻击型潜艇。

战机 ✦

■战斗机

空中杀手

战斗机能够在空中歼灭敌方飞机并攻击地面人员和设施，堪称空中杀手。

战斗机又称歼灭机，是主要用来在空中歼灭敌机和其他空袭武器的飞机，装有航空机关炮、火箭弹和导弹等。它的飞行速度很快，爬升迅速，操纵灵便。由于战斗机具有良好的作战性能，因此世界各国都在争相研制。

世界上公认的第一架战斗机是法国的索尔尼爱L型飞机。它装备了法国飞行员罗兰·加洛斯发明的偏转片系统，在一定程度上解决了飞机在机载机枪射击时被螺旋桨干扰的难题，从而第一次使飞行员可以专心驾驶飞机去攻击对方，同时不需要另外配备机枪手。

我国的歼10战斗机是我国自行研制的具有完全自主知识产权的第三代战斗机。歼10采用了中国自行研制的地形跟踪雷达、宽视场前视红外搜索系统、前视红外跟踪系统和激光测距照射系统。地形跟踪雷达探测到的信息传输到飞机数字飞行控制系统后，战斗机便可实行自动地形跟踪飞行，飞行员亦可据此选择适当的高度穿越复杂地形；前视红外系统可以发现单个房屋或树林中的车辆目标，图像同时显示在平视显示器上；高性能前视红外跟踪系统可用来锁定目标及制导空地战术导弹；激光照射系统则可用来导引激光制导炸弹。

世界上最先进的战斗机是F/A-22猛禽战斗机。它是美国空军研制的新一代战斗机，也是目前世界上唯一面世的第四代战斗机。它的任务包括：夺取制空权，向作战部队提供空中优势，在战区空域有效实施精确打击；防空火力压制和封锁、纵深遮断，近距空中支援。F/A-22可以携带阿姆拉姆中距空对空导弹、响尾蛇近程空对空导弹、联合直接攻击弹药和小口径炸弹。

根据不同的作战任务，F/A-22还可以携带其他不同的弹药。

与其他战斗机相比，F/A-22最具里程碑意义的技术特性是：采用全隐身与气动综合布局、持续的超音速巡航能力、过失速机动、短距起降、先进的机载设备和火控系统与综合航空电子系统。

F/A-22猛禽战斗机
F/A-22是美国空军研制的新一代战斗机，由洛克希德公司研制，采用了一切已有的世界级航空顶尖技术，将成为21世纪的主战机型。

第二次世界大战时期的战斗机
到了第二次世界大战期间，战斗机已经得到很大的发展，在空战中发挥了重大作用。

【百科链接】

制空权：
军队在一定时间、一定空域范围内所掌握的主动权。

■ B-2隐形轰炸机

素有幽灵之称的B-2隐形轰炸机，于1988年11月22日在美国加利福尼亚州棕榈谷空军第42工厂首次公开亮相。它是由美国诺思罗普公司研制的一种轰炸机。如果不是人们亲眼见到它在空中飞行，恐怕很难想象它是一架飞机。它没有机身，没有前翼，没有平尾，也没有立尾，从上往下看，就如同一个巨大的后缘锯齿状的飞镖或飞翼。

B-2隐形轰炸机长21米，高5.18米，最大起飞质量13.6万千克，作战半径8000千米以上，可携带短程攻击导弹、先进巡航导弹和各种重力炸弹，最大载弹量1.8万千克。

为了达到隐身效果，B-2隐形轰炸机采用了先进的翼身融合体布局，其电传操纵系统也可有效躲避雷达和红外线的探测。

■ 阿帕奇武装直升机

相传阿帕奇是一个武士，他英勇善战，且战无不胜，被印第安人视为勇敢和胜利的象征。美国休斯直升机公司1975年研制的AH-64反坦克武装直升机就以阿帕奇命名。

阿帕奇直升机的最大起飞质量为7890千克，最大平飞时速为307千米。机头旋转炮塔内装有1门30毫米口径链式反坦克炮，4个外挂点可挂8枚反坦克导弹和19联装火箭发射

F-117A隐形战斗机
2008年4月，美军现役的最后四架F-117A隐形战斗机正式退役，它留下的空间将由F/A-22来弥补。

器。机上还装有目标截获显示系统和夜视设备，可在复杂气象条件下搜索、识别与攻击目标。它能有效摧毁中型和重型坦克，具有良好的生存能力和超低空贴地飞行能力，是美国当代主战武装直升机。

■ F-117A隐形战斗机

F-117A是美国洛克希德公司研制的隐形战斗机，是世界上第一种可正式作战的隐形战斗机。

F-117A隐形战斗机的外

鹞式战斗机
鹞式战斗机是英国研制的单发动机亚音速垂直/短距起降飞机，主要用于执行空中近距支援和战术侦察任务。它是世界上第一种实用的垂直与短距起落作战飞机。

形与众不同，整架飞机几乎全由直线构成，连机翼和V形尾翼也都采用了没有曲线的菱形翼，这在战斗机的设计中是前所未有的。飞机的座舱框架、起落架舱门和炸弹舱的边缘以及机身后部的平面形状也都做成了锯齿形。这就是F-117A的独特外形。

【百科链接】

轰炸机：
用于对地面、水面目标进行轰炸的飞机，具有突击力强、航程远、载弹量大等特点，是航空兵实施空中突击的主要机种。

B-2隐形轰炸机
B-2隐形轰炸机独特的外形设计和材料能有效地躲避雷达的探测，达到良好的隐形效果。它的建造单价高达22.2亿美元，是世界上迄今为止最昂贵的飞机。

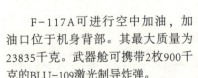

F-117A可进行空中加油，加油口位于机身背部。其最大质量为23835千克。武器舱可携带2枚900千克的BLU-109激光制导炸弹。

■ 预警机

空中领袖

预警机又称空中指挥预警飞机，它集指挥、控制、通信和情报于一体。第二次世界大战后期，美国海军为解决海上编队的远程预警问题，采取在舰载飞机上加装戒雷达的方式，制成了世界上第一架舰载预警机AD-3W。20世纪五六十年代，英国和苏联也先后成功地研制出了预警机。

不过，早期预警机只能搜索、监视高空和海上目标，发出预警。直到20世纪70年代，美国和苏联研制出采用先进机载电子设备的新一代预警机，它才开始具备指挥功能。

进入21世纪，在信息化战争条件下，预警机的功能有了很大的拓展，它被誉为"空中领袖"。

首先，预警机成为任何手段都不可替代的感知平台。其探测距离之远、低空探测能力之强、机动范围之大是地面雷达所无法比拟的；其探测精度之高、使用之灵便也使卫星望尘莫及。

其次，预警机成为对空中集群实施统一指挥控制的"大脑"。在进攻作战中，预警机可对突击编队实施指挥控制，协调各机种作战行动；在防空作战中，它可对数十批截击机实施精确引导。

E-3A望楼预警机

E-3A是美国研制的全天候远程空中预警和控制飞机，是在波音707-320B型民航机基础上更换发动机、加装旋转天线罩与电子设备而制成的。

■ 反潜机

潜艇克星

反潜机是指载有搜索和攻击潜艇的设备、武器的军用飞机或其他航空器，例如直升机、飞艇等。由于反潜机装有航空综合电子系统，包括各种探测器和导航、通信及武器控制系统，因而它一般具有低空性能好和续航时间长等特点，能在短时间内对宽阔水域进行反潜作战。

反潜机分为岸基反潜机、舰载反潜机和水上反潜机三种。其一般质量在50吨以上，可在几百米高度上以300～400千米/小时的速度进行巡逻，续航时间在10小时以上。

自1914年潜艇问世以来，各国相继使用飞艇和水上飞机对付潜艇。第一次世界大战中，英国开始使用岸基飞机反潜，并采用原始的声呐系统。第二次世界大战期间，英、美利用声呐

预警机内部

预警机上一般包括：雷达探测系统、敌我识别系统、电子侦察和通信侦察系统、导航系统、数据处理系统、通信系统、显示和控制系统等。

【百科链接】

深水炸弹：

深水炸弹是由水面舰艇、飞机发（投）射，在水下一定深度爆炸的专门打击潜艇的一种水中武器，分为航空深弹和舰用深弹两种类型。

浮标、机载雷达和探照灯进行搜索，用鱼雷、深水炸弹和水雷攻击潜艇，获得了较好效果。

20世纪50年代以后，人们开始使用反潜直升机和吊放声呐系统。而现代核潜艇的出现，对反潜系统提出了更高要求。

军用直升机
军用直升机实质上是一种超低空的火力平台，其强大火力与特殊机动能力的有机结合，可有效地对各种地面目标和超低空目标实施精确打击。

■ 军用运输机

大肚能容

军用运输机是一种能用于空运兵员、武器装备，并能空投伞兵和大型军事装备的飞机。在现代战争中，军用运输机使地面部队长上了"翅膀"，是提高部队机动性，加强应变能力的重要运输工具。

1948年的柏林危机中，西方军用运输机表现出色，连续供应西柏林250万居民生活所需达13个月之久。

军用运输机不仅具有较大的载重量和续航能力，还装有较完善的通信、领航设备，能在昼夜复杂气象条件下飞行，在简易的前线野战机场起降。有些军用运输机还装有自卫武器和电子干扰设备，具有一定的作战能力。

目前，世界各国正在使用的军用运输机约6000架，其中大型运输机约550架，中型运输机约2000架。世界上最大的现役军用运输机是美国洛克希德公司制造的C-5A银河式运输机。它最大载重量达120吨，一次可装载700名全副武装的士兵或345名士兵加2辆卡车。它的最大载重航程为4390千米，最大油量航程达11020千米。

■ 军用直升机

飞行杀手

军用直升机包括执行攻击任务的武装直升机、载有士兵执行机降空袭任务的战术运输直升机以及执行战术侦察任务的侦察直升机。它们一般在低空、战斗前沿或敌方纵深地域执行任务，能有效地配合地面部队作战，又可隐蔽自己，可垂直起降，发起突击作战，有较强的运载能力。由于这些优势，军事直升机在现代战争中表现出色，被誉为"飞行杀手""飞行坦克"等。

在1982年英国和阿根廷马岛局部战争中，双方都投入了大量军用直升机参与反潜、反舰、空运、登陆强袭等任务。英军还在海战中利用直升机担负护航、指挥、通信联络、炮火校正、电子干扰、空中预警、偷袭等作战任务。因此，有人甚至将此次战争称为"直升机战争"。

【百科链接】

纵深：
地域纵的方向的深度（多用于军事上）。

20世纪90年代中后期，世界军用直升机生产部门增加了25%，各国直升机开发制造商为争夺世界军用直升机销售市场展开了激烈竞争，进一步推进了军用直升机性能的改进。

银河C-5军用运输机银河C-5军用运输机主要用于运载坦克、导弹及其发射装置、架桥设备等大质量、大尺寸的设备，载重能力高达120吨，用于运兵时一次可载700名全副武装的士兵。

导弹

■ 导弹

现代战争的主角

导弹是现代战争的主角，它可以从一国打到另一国，甚至从一个洲打到另一个洲。所以说，谁拥有最先进的导弹，谁就将掌握现代战争的主动权。

导弹通常由推进系统、制导系统、弹头、弹体结构系统四部分组成。推进系统是为导弹飞行提供推力的整套装置，又称导弹动力装置；制导系统是按一定导引规律将导弹导向目标、控制其质心运动和绕质心运动以及飞行时间程序、指令信号、供电、配电等的各种装置的总称，作用是确定、控制导弹的飞行轨迹和飞行姿态，保证弹头准确命中目标；弹头是导弹毁伤目标的专用装置；弹体结构系统是用于构成导弹外形、连接和安装弹上各分系统，且能承受各种载荷的整体结构。

导弹之所以能准确地打击目标，就是依靠导弹的制导系统来控制导弹的飞行轨迹，从而把炸药弹头或核弹头送到打击目标附近引爆，并摧毁目标。

■ 弹道导弹

精确命中

弹道导弹是指按预定弹道飞行并准确飞向地面固定目标的导弹。由于这种导弹沿着一条预定的弹道飞行，所以命中精确，深受人们的重视。

根据燃料的不同，弹道导弹分为液体弹道

导弹弹头

导弹的头部统称为弹头，它是毁伤目标的专用装置，又称导弹战斗部。弹头主要由壳体、装药、子弹头引信及保证弹头在储存、运输、飞行、引爆过程中完成其功能的各种装置和系统组成。

导弹和固体弹道导弹两种。顾名思义，前者一般采用液体推进剂

【百科链接】

质心：
物体内各点所受的平行力产生合力，这个合力的作用点叫做这个物体的质心。

作为发动机燃料，而后者则采用固体推进剂作为发动机燃料。

从第二次世界大战后至20世纪50年代末，美国、苏联分别研制出了第一代战略弹道导弹，如美国的雷神、大力神，苏联的Ss－5、Ss－6等。这些导弹都属于液体弹道导弹，从地面发射，在发射前要临时加注推进剂。

此后，液体弹道导弹逐渐为固体弹道导弹代替。固体弹道导弹造价较低，设备较少，反应较快。例如，在反应时间上，美国液体弹道导弹大力神发射准备时间为15分钟，而美国固体弹道导弹发射准备时间只有1分钟。

不过，固体弹道导弹的安全性不好，在制造过程中容易起火爆炸，或在储存、运输过程中因固体推进剂的浇铸质量不佳而引起爆炸，造成弹毁人亡。

弹道导弹

弹道导弹通常垂直发射，沿着一条预定的弹道飞行。大部分弹道处于稀薄大气层或外大气层内，所以弹道导弹采用火箭发动机，并自身携带氧化剂和燃烧剂。

响尾蛇与响尾蛇导弹
一击中的的精确制导导弹

响尾蛇：一种管牙类毒蛇，蛇毒是血循毒。它体呈黄绿色，尾部末端有尾环，能长时间发出响亮的声音，故称响尾蛇。响尾蛇主要分布于南、北美洲。

军事兵器篇

■ 响尾蛇与响尾蛇导弹

响尾蛇的眼睛几乎对可见光失去了感知能力，但响尾蛇却能敏捷地捕捉田鼠及其他小动物。研究发现，响尾蛇颊窝处的探热器能够接受动物身上发出来的热线——红外线，且反应非常灵敏，能感觉到0.001摄氏度的温差。因此，只要有小动物从响尾蛇旁边经过，它就能立刻发觉。

受此启发，在仿生学和现代科技推动下，美国研制出了响尾蛇空对空导弹。

美国的各型响尾蛇导弹（除C型为半主动雷达制导外）都采用了红外制导。在战场上，飞机的发动机温度通常很高，会发出很强的红外线。载有响尾蛇导弹的飞机在向敌机发射了导弹之后，即可直接退出战区，而导弹则依靠红外制导，独立自动地跟踪发出红外线的敌机，直到把它击中。

时至今日，响尾蛇导弹已成为世界上产量最大的红外制导空对空导弹，也是实战中被广泛使用的少数导弹之一，曾在越南战争、马岛冲突和海湾战争中显示了威力。

【百科链接】

概率：

某种事件在同一条件下可能发生也可能不发生，概率是表示发生的可能性大小的量。

■ 一击中的的精确制导导弹

精确制导导弹是一种装有精确制导装置的能准确命中目标的导弹。其直接命中概率在50%以上，属于精确制导武器的一种。

20世纪70年代初期，美国首次在越南战场上使用了激光和电视制导炸弹。由于它们能自己寻找和攻击目标，并具有极高的命中精度，当时人们称它为灵巧炸弹。直到1974年，在美国政府的正式文件中才第一次出现"精确制导武器"这一名词。

斯拉姆导弹

斯拉姆导弹是一种精确制导导弹，采用光电跟踪、无线电指令制导，用来对付反潜直升机和巡逻机。

精确制导武器在海湾战争和科索沃战争中的表现开创了战争的新时代，使人们对未来战争形式有了一个全新的概念。此后，精确制导武器的使用比例逐渐上升。例如，海湾战争中，美军使用的精确制导武器仅7.6%，而伊拉克战争中则升至68.3%，增长了近8倍。军事专家预测，按照这种增长速度，在未来美军参与的战争中，美军所使用的导弹和炸弹可能全部

F-15C战斗机发射响尾蛇导弹响尾蛇AIM-9是世界上第一种红外制导空对空导弹，其红外装置可引导导弹追踪热的目标，就像响尾蛇能感知猎物的体温从而将其捕获一样。

是精确制导的。

目前，精确制导武器的拥有程度和运用能力已经成为衡量一个国家军事现代化程度的重要标准之一。

■ 名震天下的爱国者导弹

说起爱国者导弹，大多数人耳熟能详。当年在海湾战争中，它的风头无人能敌。

先进的爱国者

爱国者防空导弹系统于1965年开始研制，1970年首次试射，1982年投入批量生产并开始装备美军，用以截击飞机和导弹。它的主要特征是：导弹弹体长5.31米，弹重1吨，弹径410毫米，超过当年美国海军"密苏里"号战列舰主炮口径；最大射程100千米，最大作战高度24千米，可截击80千米内的飞行目标；当目标飞行速度为4马赫时，单发命中率高达90%；系统抗干扰能力非常强。时至今日，它依旧是世界上最先进的防空导弹系统，但价格昂贵。台湾采购爱国者防空导弹系统时，仅导弹的单价就高达110万美元。

爱国者PK飞毛腿

飞毛腿导弹是苏联制造的地地战术导弹，爱国者是美国制造的地空战术导弹。在海湾战争中，伊拉克的飞毛腿导弹和美国的爱国者导弹曾进行过一番较量。

当伊拉克的飞毛腿导弹起飞时，美军中最先获悉信息的是预警飞机和雷达情报网。由于飞毛腿导弹的飞行弹道是在地面装好的，起飞后航向确定，不易转弯或机动，因此美军可以根据预警机提供的信息很快估算出导弹所要

攻击的目标，加上地面雷达的配合，随即得出飞毛腿导弹飞行的弹道。当多枚飞毛腿导弹来袭时，指挥控制车首先确定优先攻击的目标和拦截时间，选定最适宜的发射架，并将飞行数据装入导弹，严阵以待。爱国者导弹发射后，按预定控制程序完成飞行转弯，同时相

飞毛腿导弹发射车

借助于运输一起竖一发射三用的移动发射装置，飞毛腿导弹可以随时随地机动运输，而且难以被捕捉到。

控阵雷达的制导天线不断发出指令，修正导弹的飞行弹道。导弹在飞行中，头部制导舱内的小型相控阵天线也在接受目标反射的雷达探测信号，一旦探测到飞毛腿导弹就即行跟踪进行拦截。

1991年1月21日，伊拉克向沙特阿拉伯的利雅得和达兰发射了7枚飞毛腿导弹，美国则用了35枚爱国者导弹进行拦截。结果，4枚打向利雅得的飞毛腿导弹被拦住了，但美国也付出了很大的经济代价，因为1枚爱国者导弹的造价高达100万美元。

爱国者导弹发射架

爱国者导弹是美国研制的全天候多用途地空战术导弹，长5.31米，弹径0.41米，弹重1吨，最大飞行速度6倍音速，最大射程100千米。

【百科链接】

弹道：

弹头射出后所经的路线。因受空气阻力和地心引力的影响，弹头飞行路线为不对称的弧线形。

■ 飞鱼导弹

水面舰艇的克星

在热带海洋众多鱼种中，有一种会飞的鱼。这种鱼不仅能在水中游泳，还能在水面上飞翔。它被"敌人"追赶时，就跃出水面8～10米，以每秒钟18米的速度滑翔150～200米距离，有时会紧紧贴着海面做超低空飞行。法国模仿飞鱼的超低空飞行，研制出一种空对舰导弹，用以避开雷达的监测。这种导弹发射后掠海面飞行，使对方雷达很难发现。由于它形似飞鱼飞行，因而叫做飞鱼导弹。

飞鱼导弹最突出的特点是它具有强大的攻击力。这种导弹主要装备在直升机、海上巡逻机和攻击机上，用以攻击各种类型的水面舰船，也可从陆地、舰上和水下不同地点发射。它可以装高能炸药40千克，能穿透12毫米厚的钢板。如果100米长、10余米宽的战舰被命中一发，便会丧失战斗能力。

1982年，在英国和阿根廷马岛之战中，阿根廷的战机发射的飞鱼导弹一举击沉了被称为"皇家的骄傲"的英国现代化驱逐舰"谢菲尔德"号，飞鱼导弹自此名闻天下。

■ 战斧巡航导弹

身手不凡

战斧巡航导弹的英文原名是Tomahawk，意指印第安人用的轻便战斧。这种战斧的使用方式不是持握在手中对敌人砍杀，而是在远距离投出以击中敌人。由于巡航导弹的用处和它差不多，所以美国的导弹专家就将研制成功的这种巡航导弹取名为战斧。

超黄蜂直升机1973年6月，飞鱼导弹在超黄蜂直升机上进行了首次发射试验。两伊战争中，伊拉克从超黄蜂直升机上发射AM-39飞鱼导弹，先后击沉了伊朗的一艘快速护卫舰和两艘巡逻舰。

1972年起，美国开始研制战斧巡航导弹，20世纪80年代便装备在美国大多数攻击型核潜艇、现代巡洋舰、驱逐舰及战列舰上。它共有三种型号：潜射型的战斧对陆核攻击导弹，舰射型的战斧反舰导弹和潜射、舰射型的战斧对陆常规攻击导弹。这三种型号的巡航导弹的外形、尺寸、质量、助推器、发射平台均相同，不同的是弹头、发动机和制导系统。

战斧巡航导弹性能优良：它飞行速度快，具有避开高山和非目标设施的自动搜寻系统；当电脑系统搜寻到攻击目标后，它会自行改变高度及速度，进行高速攻击；同时其导弹表层有吸收雷达波的涂层，具有隐身飞行性能。

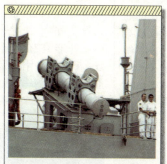

舰载飞鱼导弹
飞鱼导弹是军事仿生学的代表作品，在军事界享有很高威望。

【百科链接】

制导：

控制和引导火箭、导弹等，使其按一定轨道运行，准确地到达目的地。

■ 宙斯盾导弹系统

1964年，美国海军为了解决苏联反舰导弹的饱和攻击对航母战斗群构成的威胁和海上对空防御问题，提出了研制先进的舰用导弹系统的要求，并在1969年12月将其命名为宙斯盾导弹系统。宙斯盾原是希腊神话里的主神宙斯和智慧女神雅典娜所使用的盾，上面雕绘着一个蛇形女妖像，谁看见了女妖像就会变成石头，故宙斯盾被视作一种护身法宝。在美国海军看来，宙斯盾作战系统就是可对敌方大量导弹组织形成有效防御反击的坚固盾牌。

宙斯盾导弹系统是美国研制的一种全天候、全空域舰空导弹武器系统，它的主要作用是对付高性能飞机和战术导弹，

美国提康德罗加级巡洋舰

提康德罗加级巡洋舰由于装备有先进的宙斯盾导弹系统，成为当今美国海军最具效能的武器系统之一，其主要任务是为航舰战斗群提供足够的防空及反舰导弹能力。

宙斯盾导弹系统

宙斯盾导弹系统代表了当今世界最先进的海军科技水平，它造价非常高昂，每套系统（不含导弹）高达2亿美元。尽管如此，还是有越来越多的国家加入到制造宙斯盾系统的行列。

以保卫航空母舰或行进舰队的区域安全。这种系统的反应速度快，主雷达从搜索方式转为跟踪方式仅需0.05秒，能有效对付掠海飞行的超音速反舰导弹。该系统作战火力猛烈，可综合指挥舰上的各种武器，同时拦截来自空中、水面和水下的多个目标，

还可对目标威胁进行自动评估，从而优先击毁对自身威胁最大的目标。

宙斯盾导弹系统工作时，其舰载雷达会发射几百个窄波束，对以本舰平台为中心的半球空域进行连续扫描。如果其中有一个波束发现目标，该雷达就立即操纵更多的波束照射该目标并自动转入跟踪，同时把目标数据传送给指挥和决策分系统。指挥和决策分系统会对目标作出敌我识别和威胁评估，分配拦截武器，并把结果数据传送给武器控制分系统。接着，武器控制分系统根据数据自动编制拦截程序，通过导弹发射分系统把程序送入导弹。导弹头则根据武器控制分系统照射器提供的目标反射能量自动寻找目标。引炸后，雷达立即作出杀伤效果判断，决定是否需要再次拦截。

并非只有美国海军装备宙斯盾作战系统。日本的金刚级驱逐舰、韩国KDX-3级驱逐舰及西班牙海军F100级护卫舰也配置了从美国采购的宙斯盾作战系统。

【百科链接】

波束：
指有很强的方向性的电磁波，用于雷达和微波通信等。

✿ 非常规武器

■ 原子弹

破坏力巨大

原子弹是一种利用铀-235或钚-239等重原子核的裂变链式反应原理制成的具有巨大杀伤破坏效应的核武器。它的威力通常为几百至几万吨级TNT当量，其杀伤破坏方式主要有光辐射、冲击波、早期核辐射、电磁脉冲及放射性沾染等。

据悉，一颗当量为2万吨的原子弹在爆炸后，距爆心7000米内的地区会受到比阳光强13倍的光辐射，可使人迅速致盲，并使皮肤大面积灼伤溃烂；距爆心1100米以内的人员可遭到极度杀伤；距爆心650米以内的所有建筑物及人员都会被彻底摧毁。一颗5000万吨级原子弹爆炸后，破坏半径可达190千米，在此范围内的所有生物都会受到放射性沾染而致残，或在一段时间内缓慢地死去。

蘑菇云

原子弹会在爆炸瞬间产生几千万摄氏度的高温，同时在爆炸中心地区产生几十亿个大气压的压力。高温高压下的火球会向天空冲起，到了几百米的高空后一面上升，一面向四周扩展，形成一团蘑菇状烟云。

广岛原子弹爆炸后的圆顶屋

1945年8月6日，美国轰炸机在日本广岛投下一颗原子弹，造成8万人死亡。圆顶屋是在爆炸中少数未被完全炸平的建筑物之一。

■ 氢弹

轻核聚变

氢弹又称热核弹或热核武器，它是将原子弹爆炸的能量作为"扳机"，点燃氢的同位素氘、氚等原子，使之发生聚变反应，在瞬间释放出巨大能量。氢弹的杀伤破坏因素与原子弹相同，但它的威力比原子弹大得多，可大至几千万吨级TNT当量。

在氢弹的研制方面，我国处于世界领先地位。1964年10月14日，我国第一颗原子弹爆炸成功；1967年6月17日，我国第一颗氢弹爆炸成功。从首次爆炸原子弹到爆炸氢弹，美国用了7年零4个月，苏联用了4年，英国用了4年零7个月，法国用了8年零6个月，而我国只用了2年零8个月。

■ 中子弹

高能中子辐射

中子弹是一种以高能中子辐射为主要杀伤力的低当量小型氢弹。一般的氢弹加有一层铀-238外壳，核聚变时产生的中子被这层外壳大量吸收，就会产生许多放射性沾染物。而中

【百科链接】

TNT当量：

指核爆炸时所释放的能量相当于多少吨TNT炸药爆炸所释放的能量。

子弹没有外壳，核聚变产生的大量中子就可能毫无阻碍地大量辐射出去，从而减少光辐射、冲击波和放射性污染等因素。因此，从理论上讲，中子弹可以只杀伤敌方人员，对建筑物和设施破坏很小，也不会带来长期的放射性污染。

鉴于这一特性，如果广泛使用中子弹，战后城市也许就不会像使用原子弹、氢弹那样成为一片废墟，但人员伤亡会很大。

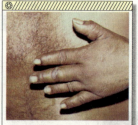

炭疽病感染者

炭疽是由炭疽杆菌引起的感染性疾病，症状多为皮肤溃烂坏死。炭疽杆菌是出现较早的一种生物武器，也是战争中常用的一种细菌，曾使无数人丧命。

生力量的各种武器和器材的总称。它包括装有化学毒剂的炮弹、航弹、火箭弹、导弹、地雷、航空布洒器、气溶胶发生器以及二元化学弹药等。化学武器在使用时，将毒剂分解成液滴、气溶胶或蒸气等状态，染毒环境，从而杀伤敌方有生力量。

化学武器的杀伤效力，取决于毒剂的种类、使用方法，有生力量的防护程度、地形和气象条件等。现代化学武器是军事技术和化学工业，特别是染料工业的产物。第一次世界大战期间，交战各国总共生产了15万吨毒剂，在战争中使用的化学武器致使100多万人伤亡。

■ 生化武器

最廉价的杀人武器

生化武器属于大规模杀伤性武器，包括生物武器和化学武器两种。它们主要是由细菌和病毒以及其他有害毒剂通过媒介体制成的炮弹或炸弹，在战时投放到敌方阵地，杀伤敌方有生力量。

穷人的原子弹——生物武器

生物武器被称为穷人的原子弹，因为它造价低，技术难度不大，隐秘性强，可以在任何地方研制和生产。据科学家调查发现，战争中，如杀死1平方千米内的人群，用常规武器如枪、炮等要1000美元，用核武器要800美元，用生物武器则只要1美元。

最恶毒的武器——化学武器

化学武器是指以毒剂的毒害作用杀伤有

■ 世界末日武器——基因武器

基因武器也称遗传工程武器或DNA武器。它运用先进的遗传工程技术，通过基因重组，在致病细菌或病毒中接入能对抗普通疫苗或药物的基因，或者在本来不会致病的微生物体内接入致病基因而制成生物武器。基因武器能改变非致病微生物的遗传物质，使其产生具有显著抗药性的致病菌，再利用人种生化特征上的差异，使这种致病菌只对特定遗传特征的人们产生致病作用，从而有选择地消灭敌方有生力量。

曾有国家研制出一种具有剧毒的热毒素基因战剂——用其万分之一毫克就能毒死100只猫，只用20克就足以使全球60多亿人死于一旦。因此，有人将基因武器称为世界末日武器。

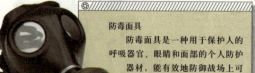

防毒面具

防毒面具是一种用于保护人的呼吸器官、眼睛和面部的个人防护器材，能有效地防御战场上可能出现的毒剂、生物战剂和放射性灰尘。

【百科链接】

病毒：

比病菌更小的病原体，多用电子显微镜才能看见。没有细胞结构，但有遗传、变异等生命特征，一般能通过能阻挡细菌的过滤器，所以也叫滤过性病毒。

❀ 新武器

■ 太空武器：太空杀手

随着科技的发展，人类已经开始进驻太空，美国、俄罗斯和欧洲一些国家都在太空建有空间站，各国还向太空发射了数百颗适于各种用途的卫星。如此一来，各国在太空中就有了利益关系，如果有朝一日发生利益冲突，该如何保护本国利益呢？鉴于这种需要，太空武器应运而生。所谓太空武器，就是在太空中使用的攻击武器，是一种新概念武器。目前，世界上主要有四种太空武器。

粒子束武器：太空长矛

粒子束武器被誉为"太空长矛"。它是利用粒子加速器原理制造出的一种新概念武器。带电粒子进入加速器后，会在强大电场力的作用下加速到所需要的速度。这时将粒子集束发射出去，就会产生巨大的杀伤力。

粒子束武器发射出的高能粒子会以接近光速的速度前进，可在极短的时间内命中目标，使高能粒子和目标材料的分子发生猛烈碰撞，产生高温和热应力，熔化、损坏目标材料。

微波武器：太空神鞭

微波武器由能源系统、高功率微波系统和发射天线组成，主要是利用定向辐射的高功率微波波束杀伤破坏目标。

微波武器的全天候作战能力较强，有效作用距离较远，可同时杀伤几个目标。特别是它完全有可能与雷达兼容形成一体化系统，先探测、跟踪目标，再提高功率杀伤目标，达到最佳作战效能。它犹如无形的神鞭，既能进行全面毁伤，横扫敌方电子设备，又能实施精确打击，直击敌方信息中枢。

【百科链接】

电场力：
电场对置于其中的电荷所产生的一种力。

动能武器：太空飞镖

所谓动能武器，就是能发射出超高速运动的弹头，利用弹头的巨大动能，通过直接碰撞的方式摧毁目标的武器。它的杀伤原理和飞镖伤人的道理完全一样。它不是靠爆炸、辐射等其他物理和化学能量去杀伤目标，而是靠自身巨大的动能，在与目标短暂而剧烈的碰撞中杀伤目标。

激光武器：太空利剑

用激光作武器的设想是基于激光的高热效应。激光武器的本质就是利用光束输送巨大的能量，与目标的材料相互作用，产生不同的杀伤破坏效应，如烧蚀效应、激波效应、辐射效应等。正是靠着这几项神奇的本领，激光武器成为理想的太空武器。

粒子加速器
粒子加速器是用人工方法产生高速带电粒子的装置。未来的粒子束武器实际上就是以粒子加速器为核心的。

■ 次声武器

声波袭人

次声武器是一种能发射频率低于20赫兹的次声波，使其与人体发生共振，致使共振的器官或部位发生位移、变形，甚至破裂，从而造成损伤以至死亡的高技术武器。

次声武器的最大特点是穿透力强。另外，它还具有隐蔽性强、传播速度快、传播距离远、不污染环境、不破坏设施等特点，所以它是世界各国军方争相研制的非致命武器，即将成为未来战争中非常重要的新概念武器。

就目前的研究成果看，未来的次声武器主要可分为两大类：

一类是主动式次声武器，即利用次声的振动来达到杀伤的目的。发出这种声波的主要工具之一是压缩空气哨子。

另一类是被动式次声武器。这类武器主要用于抗击敌方的次声武器和自然界各种灾害所产生的次声，如磁暴、海啸、电闪雷鸣、原子弹和氢弹的爆炸试验以及各种机械的撞击声等。

可以预见，随着科学技术的突飞猛进，新型的次声武器必将使未来的战争变得更加复杂多变。

■ 不怕伤痛的机器人士兵

在伊拉克战争中，美军派出了一些特殊的士兵：它们不用吃饭、穿衣和训练，不需要退休金，不怕伤痛和阵亡，它们也不需要了解作战动机，但它们能以一当十、弹无虚发……它们就是机器人士兵。

此次出征伊拉克的机器人士兵共18个，被命名为战剑，全名是特种武器观测侦察探测系统。

据悉，它们能够连续不断地向敌方发射数百发枪弹及火箭弹。每个战剑机器人还拥有摄像机、夜视镜、变焦设备等光学侦察或瞄准设备。

鉴于战剑机器人的这种特殊装备与能力，美国军方对它们寄以厚望。试验表明，已经研制成功的两个手擎步枪的机器人狙击手，它们的电脑控制步枪的命中率几乎可达到100%。

不过，战剑还属于半自动机器人，需要依赖半英里外的人类士兵的操控。它们身上的摄像装置可将周围图像传输给远端的操纵者，操纵者则根据看到的图像下令射击。而战场形式千变万化，所以目前机器人士兵尚难有所作为。有军事专家认为，要使机器人士兵具有高度智能，恐怕还需30年的时间。

想象中的机器人部队

曾有人预言，20世纪地面作战的核心武器是坦克，21世纪则很可能是军用机器人。

美国战剑机器人

战剑机器人士兵身高不到1米，靠锂离子电池提供动力，一次能够运行1～4小时，每分钟可发射千发子弹，击中300米外硬币大小的目标。

【百科链接】

狙击：

埋伏在隐蔽地点伺机袭击敌人。

气象武器：呼风唤雨
航天母舰：太空巨无霸

雪崩：山峰上的积雪内聚力承受不了它的重力时，引起大量雪体滑动、崩塌的自然现象。崩塌时速度可以达20～30米/秒，破坏力非常大。

军事兵器篇

■ 气象武器

呼风唤雨

气象武器是指运用现代科技手段，人为地制造地震、海啸、暴雨、山洪、雪崩、热高温、气雾等自然灾害，改造战场环境，以实现军事目的的一系列武器的总称。

与传统冷热兵器不同，气象武器并不是用钢铁和炸药在工厂中制造出来的，而是从事战争的人员人为地影响天气和气候，将恶劣、不利的气象条件强加给敌人，为自己创造有利的气象条件，使气象条件起到一般武器起不到的作用，从而直接或间接地达到消灭敌人、保存自己的目的。从这个意义上讲，气象武器就是人工影响局部天气技术在军事上的应用。

简单地讲，气象武器大致可分为两类：一是为己方作战创造有利条件的，如造雾、消雾等；二是给敌方军事行动制造困难的，如人

海啸前后对比图

这是泰国寇立在2004年印度尼西亚海啸前后的卫星对比图。在这场罕见的大海啸中，至少有22.3万人丧生。

工降雨、控制台风、制造酸雨等。

其中，人工降雨已成功地应用于实战之中。越南战争中，美军在越南作战区域上空施放降雨催化弹474万多枚，制造了大量暴雨，严重影响了越军的作战行动。

随着科学和气象科学的飞速发展，利用人造自然灾害创造地球物理环境的武器技术已经得到很大提高，气象武器必将在未来战争中发挥巨大作用。

■ 航天母舰

太空巨无霸

航天母舰是一种巨大的宇宙飞船，可以在离地面3.6万千米的太空与地球同步飞行。它率领着一支包括4架航天飞机、2艘太空拖船、1个轨道燃料库和1个太空补给站组成的巡天舰队。据悉，美国现已设计出一艘航天母舰，可以配备由近百名航天员组成的航天军。美国军事科学家预测，到2032年，美国军方将至少有3艘核动力航天母舰部署在太空同步轨道上。

航天母舰上配备有火箭、导弹、原子弹头、激光炮和定向能武器。其中，激光炮是威力最大的一种，它发射的激光束在极小的作用面积上能产生相当于原子弹100万倍的能量，可以迅速击碎一颗小行星。

由此看来，航天母舰既可做空间基地，也可做航天飞机、宇宙飞船停靠的码头；既可做军事作战的天基支援保障系统，也可做航天员的营盘。因而，有关国家正在努力研制航天母舰，以争夺太空"制天权"。

【百科链接】

气象：

大气的状态和现象。

海啸

1965年夏天，美国在比基尼岛上进行的核试验使距爆炸中心500米的海域掀起了60米高的海浪，在离爆炸中心1500米之外，海浪高度仍在15米以上。这一试验表明，未来的海啸武器如果运用于海战，将会起到不可估量的作用。

侦察与防护

■ 军事通信卫星

军队的传令兵

军用通信卫星是军队的传令兵，在兵力部署、支援和指挥控制过程中作用巨大。

按用途，军用通信卫星可分为战略通信卫星和战术通信卫星。前者提供全球性战略指挥、控制、通信和情报传输，包括传输各种侦察卫星所获得的信息；后者则提供地区性军事信息的传输，如军用飞机、舰船、车辆乃至小分队或单兵背负终端的移动通信。

世界上最早部署通信卫星系统的是美国。1962至1984年，美国共部署了三代国防通信卫星68颗，使军队指挥能够运筹帷幄，决胜千里。据说，美国总统向全球一线部队下达作战命令仅需3分钟。

1990年7月29日晨，美国KH—11照相侦察卫星发现伊拉克军队关闭数月的大王雷达突然开机。4天后，伊拉克占领了科威特全境。这些信息几乎同时通过美国的通信卫星DSCS—Ⅱ和DSCS—Ⅲ等传送到白宫和五角大楼。于是，在伊拉克入侵科威特数小时后，美军就迅速作出了反应：向海湾调动卫星地面站、高频通信设备以及飞机、舰艇和部队，准备执行沙漠盾牌行动。这充分显示了通信卫星在现代战争中的地位和作用。

■ 侦察卫星

窃听能手

侦察卫星就是搜集和窃取军事情报的人造卫星，又称间谍卫星。它利用卫星的光、电遥感器或无线电接收机等侦察设备，搜集地面、

侦察卫星

侦察卫星利用光电遥感器或无线电接收机搜集地面目标的电磁波信息，并通过无线电将信息传输给地面接收站。这些电磁波信息经光学、电子计算机处理后，人们就可以看到有关目标的信息。

海洋和空中目标的有关信息对目标实施侦察、监视和跟踪，并将收集到的电磁波信息储存于返回舱内，待返回地球时进行回收，或通过无线电传输方法直接送到地面接收站进行处理，人们就可以从中获取情报信息。

根据执行任务和侦察设备的不同，侦察卫星有不同的分类。这里只介绍两种侦察卫星——照相侦察卫星和电子侦察卫星。

照相侦察卫星装有可见光照相机或电视摄像机，能对目标拍照。为了发现和识别目标，它对照相机镜头和图像分辨率要求很高。

电子侦察卫星主要用来侦辨雷达或其他无线电设备的位置和特性，窃听遥测和通信等机密信息。

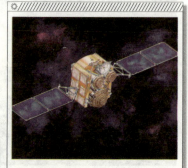

军事通信卫星DSCS-Ⅲ

美国从1978年开始建立国防卫星通信系统（DSCS），该系统可以为国防官员和战场指挥员提供安全的语音服务和高速的数据通信。

【百科链接】

侦察：

为了弄清敌情、地形及其他有关作战情况而进行的活动。

■防护装备

士兵的保护伞

战争中可以致人死命的东西有很多，如子弹、毒气、病毒等。因此，科学家发明了许多防护装备，以此来保障部队的生存能力和作战能力。

防弹背心

防弹背心主要由衣套和防弹层两部分组成，防弹层是用金属（特种钢、铝合金、钛合金）、陶瓷（刚玉、碳化硼、碳化硅）、玻璃钢、尼龙、开夫拉等材料构成的防护结构，可吸收弹头或弹片的动能，减轻其对人体胸、腹部的伤害。

打不破的头盔

头盔的设计目的并不是抵御步枪子弹的直射，而是防御炸弹等碎片杀伤性武器和手枪弹的直射。一般情况下，头盔内安装两层悬挂系统，使头盔与头部保持一定的间隔，既保持良好的通风性，又可以有效降低外来冲击，保护头部免受震荡。一般头盔可抵挡663米/秒速度的碎片撞击，可耐受190摄氏度高温。

神奇的迷彩服

迷彩服最早是作为伪装服出现的。希特勒的军队在第二次世界大战末期首先使用了迷彩服，那时还只是三色迷彩服。这种迷彩服在实战中收到了很好的效果。后来各国军队纷纷仿效，并对迷彩的颜色和斑块的形状进行研究改进。

现在的迷彩服反射的光波与周围景物的反射光波大致相同，这样不仅能迷惑敌人的目力侦察，还能对付红外侦察，使敌人现代

化侦察仪器难以捕捉到。

穿不透的防弹衣

防弹衣是一种单兵防护装具，用于防护弹头或弹片对人体的伤害。按材料分，防弹衣可分为软体、硬体和软硬复合体三种。软体防弹衣主要以高性能纺织纤维为主；硬体防弹衣则是以特种钢板、超强铝合金等金属材料为主；软硬复合体防弹衣以软质材料为内衬，以硬质材料为面板和增强材料，是一种复合型防弹衣。

防毒面具

防毒面具作为个人防护器材，可以为人员的呼吸器官、眼睛及面部皮肤提供有效防护。整个面具由面罩、导气管和滤毒罐组成，面罩可直接与滤毒罐连接使用，或者用导气管与滤毒罐连接使用。防毒面具的滤毒罐能起到过滤毒剂的作用，其内部结构分两层，即滤烟层和防毒炭层。滤烟层用特种的滤纸折叠而成，能过滤毒烟、毒雾、细菌。当有毒、有害物质随着人的呼吸进入滤毒罐时，毒烟、毒雾、细菌就会因惯性和扩散的作用，被阻留在滤烟纸的纤维表面；而其中一些更微小的有毒、有害气体分子，则随着空气通过滤烟纸进入防毒炭层，被含有大量丰富微孔的活性炭牢牢地吸附在微孔中。

身穿迷彩服的战士

迷彩服的"迷彩"是由绿、黄、茶、黑等颜色组成的不规则图案，它的反射光波与周围景物反射的光波大致相同，使敌人的现代化侦察仪器难以捕捉目标。

《百科链接》

迷彩：
　　能起迷惑作用使人不易分辨的色彩。